PREMIÈRES NOTIONS

# DE SCIENCES

AVEC LEURS APPLICATIONS

## A L'AGRICULTURE ET A L'HYGIÈNE

(SOUS FORME DE LEÇONS DE CHOSES)

A L'USAGE

DES ÉCOLES PRIMAIRES DE GARÇONS ET DE FILLES

Ouvrage orné de 164 figures insérées dans le texte



PAR

O. PAVETTE

INSPECTEUR PRIMAIRE, OFFICIER D'ACADÉMIE, CHEVALIER DU MÉRITE AGRICOLE
ANCIEN INSTITUTEUR, LAURÉAT DU MINISTÈRE DE L'AGRICULTURE
DE L'EXPOSITION UNIVERSELLE DE 1889, DE LA SOCIÉTÉ D'ENCOURAGEMENT
AU BIEN, DES CONCOURS RÉGIONAUX AGRICOLES, ETC.

## COURS ÉLÉMENTAIRE

L'objet de l'enseignement primaire n'est pas d'embrasser, sur les diverses matières auxquelles il touche, tout ce qu'il est possible de savoir, mais de bien apprendre dans chacune d'elles ce qu'il n'est pas permis d'ignorer. — O. GRÉARD.

PARIS

LIBRAIRIE CLASSIQUE EUGÈNE BELIN

BELIN FRÈRES

RUE DE VAUGIRARD, 52

1894

SAINT-CLOUD. — IMPRIMERIE BELIN FRÈRES.

# AVERTISSEMENT

Si *noblesse oblige*, on peut dire aussi que *succès oblige :* le bienveillant accueil fait à mon modeste ouvrage de *Sciences avec leurs applications à l'agriculture et à l'hygiène*, cours moyen et supérieur, m'impose l'obligation de compléter, par la publication du *cours élémentaire*, l'œuvre que j'ai entreprise de vulgariser les notions scientifiques et agricoles nécessaires aux élèves de nos écoles primaires. Cette nouvelle tâche, je ne me le dissimule pas, est ardue : s'il est en effet difficile de présenter ces notions dans un langage accessible à des écoliers de dix à treize ans, combien ne l'est-il pas davantage de les mettre à la portée de jeunes enfants de sept à dix ans, dont l'intelligence est à peine éveillée! C'est vers ce but que tous mes efforts ont été dirigés : puissé-je avoir réussi.

Je me suis appliqué à rédiger ce livre de telle sorte que les élèves qui sortiront de l'école sans avoir pu être présentés à l'examen du certificat d'études emportent, néanmoins, des notions scientifiques très précises, quoique bien élémentaires, en un mot, des idées justes et des données exactes. Pour cela, je me suis inspiré de la maxime pédagogique si vraie et si féconde, formulée en ces termes par l'éminent vice-recteur de l'académie de Paris, M. Gréard, qu'on a justement appelé le *premier institu-*

*teur de France* : « L'objet de l'enseignement primaire n'est pas d'embrasser, sur les diverses matières auxquelles il touche, tout ce qu'il est possible de savoir, mais de bien apprendre dans chacune d'elles ce qu'il n'est pas permis d'ignorer. »

Je crois que ce petit ouvrage, destiné au cours élémentaire et à la première année du cours moyen, renferme le minimum de « ce qu'il n'est pas permis d'ignorer » sur les sciences. Il présente ce grand avantage (surtout pour les écoles à un seul maître), que le plan est exactement le même que celui de mon autre livre; il en résulte que l'instituteur pourra, au lieu de deux leçons distinctes sur les sciences, faire une seule leçon commune à toute la classe. Il fait les expériences et expose ce qui peut être compris de tous les élèves: ensuite, ceux du cours élémentaire copient le résumé qui se trouve sur leur livre à la fin de chaque chapitre, puis l'étudient, pendant que le maître complète sa leçon pour les grands élèves : de cette manière, tout le monde est constamment occupé, ce qui est indispensable pour le bon fonctionnement d'une classe.

De plus, ces notions, très élémentaires, sont présentées sous forme de leçons de choses, et en un style simple, familier, ce qui permet d'employer avantageusement cet ouvrage comme livre de lecture courante.

O. Payette.

Senlis, 14 mai 1894.

# PREMIÈRES NOTIONS
# DE SCIENCES
AVEC LEURS APPLICATIONS
## A L'AGRICULTURE ET A L'HYGIÈNE

---

# SCIENCES PHYSIQUES

## PREMIÈRE PARTIE

## CHAPITRE PREMIER

### I. — L'AIR

1. — Dites-moi, mes enfants, qu'y a-t-il dans la salle de classe, tout autour de vous et au-dessus de vos têtes?... Vous ne le savez pas; vous croyez qu'il n'y a rien, parce que vous pensez que s'il y avait quelque chose vous le verriez. Eh bien! regardez ce qui va se passer; j'ouvre ces deux fenêtres, qui sont en face l'une de l'autre. Qu'arrive-t-il? Les feuilles de vos cahiers sont soulevées, et celles qui étaient détachées s'envolent. Qu'est-ce qui a produit cela? — C'est le vent. C'est le courant d'air. — Vous avez raison : c'est le vent, c'est l'air. Le voyez-vous, l'air?

— Non, Monsieur. — Non, c'est un gaz invisible[1], et cependant vous êtes certains maintenant que l'air existe, qu'il y en a dans la salle de classe ; elle en est remplie : s'il n'y en avait pas, nous ne pourrions pas vivre.

2. **L'atmosphère.** — Mais l'air ne se trouve pas seulement dans la classe ; il est partout : dans la cour, dans les champs, au-dessus des mers. Il forme, tout autour de la terre, une enveloppe d'une épaisseur de 60 à 80 kilomètres qu'on nomme l'*atmosphère*.

3. — Vous vous figurez probablement que l'air est un corps simple, c'est-à-dire ne contenant qu'une seule chose ; eh bien ! non : il renferme plusieurs substances différentes. C'est un mélange de deux gaz : l'*oxygène* et l'*azote*. Il y a, en outre, un peu d'*acide carbonique*[2] et de vapeur d'eau.

4. — Vous vous êtes peut-être demandé pourquoi, le dimanche, les habitants des villes s'en vont en si grand nombre à la campagne : c'est pour respirer un air *pur*. A la ville, l'air contient beaucoup d'acide carbonique, ainsi que des matières malsaines : aussi le séjour de la campagne est-il bien meilleur que celui des villes.

5. — Comme vous m'avez écouté attentivement, vous allez en être récompensés par une petite expérience : je vais vous faire voir l'air sous forme de *bulles*[3]. Je souffle doucement dans ce verre d'eau avec un brin de paille. Vous voyez tous les bulles d'air que je forme et qui viennent crever à la sur-

---

1. *Invisible* veut dire qui ne peut pas être vu.
2. *Acide carbonique.* C'est un gaz asphyxiant, qui fait mourir quand on le respire.
3. *Bulle* signifie petite boule.

face de l'eau : elles proviennent de l'air de la classe, que j'ai introduit dans ma poitrine en respirant.

Pourquoi vous baissez-vous, Henri, pour regarder le verre? — Je voulais voir s'il descendait des bulles d'air au fond du verre; mais je n'en vois pas une seule, et je me demande pourquoi elles montent toutes à la surface de l'eau. — Très bien, mon enfant : je vous félicite de la bonne habitude que vous avez prise d'observer et de chercher à vous rendre compte de ce que vous voyez. Je vais vous expliquer cela, ainsi qu'à vos camarades.

Fig. 1.

Vous savez que l'eau est un *liquide* et que l'air est un *gaz*. Vous vous demandiez, Henri, pourquoi ce gaz, au lieu de tomber au fond du verre, remonte à la surface de l'eau; vous allez tous le comprendre. Je prends d'une main ce caillou, de l'autre ce bouchon de liège, et je plonge les deux objets dans l'eau; qu'arrivera-t-il, Jean, si je les lâche? — Ils tomberont au fond. — Eh bien! regardez..... Qu'est-il arrivé? — Il n'y a que le caillou qui est allé au fond, le bouchon surnage[1]. — Pourriez-vous nous dire pourquoi le caillou, quoique plus petit que le bouchon, est tombé au fond?... Vous ne le savez pas. Venez ici; ouvrez vos mains pour que j'y place ces deux objets. Lequel trouvez-vous le plus lourd?

1. *Surnager* veut dire ici : remonter à la surface de l'eau.

— C'est le caillou. — Comprenez-vous maintenant pourquoi il est allé au fond du verre? — Oui, Monsieur, c'est parce qu'il est plus lourd que l'eau. — C'est cela; le liège et l'air remontent sur l'eau parce qu'ils sont plus légers qu'elle.

6. **Le vent.** — Au commencement de la leçon, vous avez constaté la présence de l'air dans la classe, et vous l'avez appelé *vent*. Pourriez-vous dire ce que c'est que le vent? — C'est de l'air qui change de place. — Précisément; c'est de l'air en mouvement.

## II. — Ses applications à l'agriculture.

7. — Il y en a probablement parmi vous qui, au printemps, ont semé des graines dans un pot à fleurs qu'ils ont ensuite rempli de terre; ils ont dû être étonnés que ces graines n'aient pas levé. Voici pourquoi : l'air leur est indispensable pour germer, et il ne pouvait pas pénétrer jusqu'à elles.

L'air est également nécessaire aux végétaux pour qu'ils puissent se développer. Qui d'entre vous a remarqué que, dans les jardins et même dans les champs, la plupart des plantes sont semées en lignes?... Vous, Louis; savez-vous pourquoi?... Non; c'est pour que l'air circule tout autour de chaque plante : aussi les semis en lignes sont-ils, généralement, préférables aux semis à la volée.

8. — L'année dernière, nous avons visité, en promenade scolaire, deux fermes voisines : l'une appartient au père Routinier, et l'autre au fils du Maire, ancien élève d'une école d'agriculture. Dans la première, les écuries et les étables n'ont que de toutes petites ouvertures et d'un seul côté : aussi,

comme je vous l'ai dit, lorsqu'il y a une épidémie sur les bestiaux, c'est chez le père Routinier qu'il en périt le plus. Tandis que, dans l'autre ferme, il y a, dans la partie supérieure des murs, des ouvertures suffisamment grandes : aussi les animaux y sont rarement malades. C'est que, sous ce rapport, ils sont comme nous : ils ont besoin d'air pur, et en grande quantité.

### III. — Ses applications à l'hygiène.

9. — Il vous est bien arrivé quelquefois, en hiver, de ne pas ouvrir la fenêtre de votre chambre à coucher, parce que vous craigniez le froid; lorsque vous y êtes retournés, vous avez dû être surpris de la mauvaise odeur qui y régnait : c'est que, par la respiration, vous aviez absorbé, pendant la nuit, l'*oxygène* de l'air, qui est un gaz très important et que vous aviez remplacé par de l'*acide carbonique*, gaz nuisible à la santé. La même chose a lieu dans notre salle de classe quand vous y êtes réunis. Voilà pourquoi il faut ouvrir, tous les matins, la porte et la fenêtre de votre chambre à coucher, comme j'ouvre toutes les fenêtres de la classe dès que vous êtes sortis, afin que le courant d'air emporte l'acide carbonique dans l'atmosphère et le remplace par de l'air pur, c'est-à-dire contenant plus d'oxygène.

10. — Je me souviens qu'un jour l'un de vous ne voulait pas venir à l'école, parce qu'il avait le mal de tête; comme c'était, ce jour-là, la fête de son père, celui-ci crut qu'il se plaignait afin de rester à la maison. Je lui demandai s'il n'avait pas mis dans sa chambre le bouquet qu'avait reçu son père; il me répondit que oui. Eh bien! lui dis-je,

c'est pour cela que vous avez mal à la tête. Sachez, mes enfants, qu'il est très dangereux de laisser des fleurs dans sa chambre à coucher : on s'expose à mourir, asphyxié[1] par l'acide carbonique que dégagent les fleurs pendant la nuit.

11. — Si vous vous le rappelez, je vous ai fait remarquer, lors de notre promenade, que chez le père Routinier le tas de fumier est juste au-dessous des fenêtres de la maison d'habitation : aussi le fermier a mauvaise mine et est assez souvent malade. Tandis que, dans l'autre ferme, le fumier est placé loin de la maison, et, comme vous l'avez vu, le fermier et sa famille jouissent d'une bonne santé.

12. — Camille ayant raconté à sa maman qu'on essuyait maintenant les tables avec un linge humide au lieu de les épousseter avec un plumeau, celle-ci lui a demandé pour quel motif. Ne le connaissant pas, Camille m'a interrogé. Que vous ai-je répondu? — Vous m'avez dit : « Le plumeau ne fait que déplacer la poussière, de sorte que celle-ci reste dans la classe ; le linge humide, au contraire, la retient, ce qui permet de la jeter dehors. » — Oui, et c'est également parce que le balai déplace une grande quantité de poussière malsaine, que nous ne nous en servons plus pour nettoyer le sol : nous employons — conformément au nouveau règlement hygiénique établi par M. le Préfet d'après un Arrêté de M. le Ministre de l'instruction publique — une éponge mouillée, qui, comme le linge humide, retient la poussière. Les médecins pensent que c'est le moyen le plus sûr pour arrêter la terrible *phtisie*, la maladie de ceux qui, comme

1. *Asphyxié* veut dire en quelque sorte étouffé.

on dit vulgairement, sont *poitrinaires :* en effet, si les crachats desséchés d'un phtisique sont mêlés à la poussière par le balayage, ils peuvent s'introduire dans les poumons d'une autre personne et occasionner ainsi cette maladie, la plus meurtrière de toutes.

13. — Vous vous souvenez de l'histoire que je vous ai racontée, relative aux parents du boulanger de la petite commune de C..... Qui veut la redire?... Voyons, Alfred. — Son père et son frère étaient venus passer avec lui la journée du dimanche, et devaient repartir le lendemain. C'était au mois de janvier 1891 ; il faisait grand froid et il n'y avait pas de cheminée dans la chambre à coucher. Il eut l'imprudence d'emplir un chaudron avec la braise allumée qu'il avait retirée de son four et de le mettre auprès de leur lit pour qu'ils n'eussent pas froid. Le lendemain matin, il entra dans leur chambre pour les éveiller : ils étaient morts, asphyxiés par le charbon. Tous les soins qu'on leur donna pour les rappeler à la vie furent inutiles. — Je ne vous demanderai pas ce que cette triste histoire vous montre ; vous le comprenez tous : c'est qu'il ne faut jamais placer, dans la chambre où l'on couche, un réchaud contenant du charbon allumé.

### RÉSUMÉ

**I. — 1. L'air est un gaz invisible qui nous est absolument nécessaire pour vivre. — 2. Il est partout et forme, autour de la terre, une couche qu'on nomme l'*atmosphère*. — 3. C'est un mélange de deux gaz : l'*oxygène* et l'*azote;* il renferme, en outre, un peu d'*acide carbonique* et de vapeur d'eau. — 4. La vie à la campagne est meilleure parce que l'air est *pur*, tandis qu'à la ville il est malsain. — 5. L'air étant un gaz est plus léger que l'eau et remonte à la surface, sous forme de bulles. —**

**6. Le *vent* n'est autre chose que de l'air en mouvement. — II. — 7. L'air est nécessaire aux graines pour germer, aux tiges et aux racines pour se développer. — 8. Il est également indispensable aux animaux. — III. — 9. Le matin, il faut ouvrir les portes et les fenêtres pour renouveler l'air, c'est-à-dire pour remplacer l'acide carbonique, qui est un poison, par l'oxygène, qui entretient la santé. — 10. On ne doit pas laisser de fleurs dans sa chambre à coucher. — 11. Il est malsain de mettre le tas de fumier auprès de la maison. — 12. Pour enlever la poussière, il est préférable de se servir d'un linge humide et non d'un plumeau; de même, pour le nettoyage du sol, il faut employer une éponge mouillée au lieu d'un balai : on évite ainsi une maladie terrible, la *phtisie*. — 13. Si l'on avait l'imprudence de placer dans sa chambre à coucher un réchaud contenant du charbon allumé, on s'exposerait à être asphyxié.**

---

# CHAPITRE II

## I. — **L'AIR** (*suite*).

### LA PRESSION DE L'AIR OU PRESSION ATMOSPHÉRIQUE

1. — Vous connaissez tous ces deux bâtons blancs, de même longueur : c'est de la craie. Je les mets dans les plateaux de cette balance; lequel est le plus lourd, Jules. — Ils sont aussi lourds l'un que l'autre. — Oui. Maintenant, j'en prends un avec les pincettes et je le place dans le poêle, au milieu des charbons ardents; que va-t-il devenir? — Il va brûler et former de la cendre. — Vous croyez? Regardez, je le retire, il ne paraît pas changé. Je le remets dans le plateau de la balance; qu'est-ce que vous remarquez, Emile? — Il est moins lourd que l'autre. — C'est

vrai; le feu lui a donc enlevé quelque chose : mais quoi? Ce n'est pas la matière blanche, dont vous connaissez bien le nom, vous, André, car votre père, qui est maçon, en emploie souvent pour faire du mortier. — C'est de la chaux. — Oui; la craie est composée de chaux, que vous voyez, et d'un gaz dont nous avons déjà parlé : l'*acide carbonique*. C'est ce gaz que la chaleur a fait sortir du morceau de craie, et, comme celui-ci est devenu moins lourd, vous en concluez, Henri, que la différence de poids représente..... — Le poids de l'acide carbonique. — Evidemment. Vous le voyez donc, les gaz, tels que l'acide carbonique et l'air, sont pesants. Désirez-vous connaître ce que pèse un litre d'air? Oh! ce n'est pas lourd; vous savez que 1 litre d'eau pèse 1 kilogramme ou 1000 grammes : eh bien! 1 litre d'air ne pèse que $1^{gr},3$, c'est-à-dire 700 fois moins que l'eau.

Mais, attendez, vous allez être bien étonnés tout à l'heure. Attention! nous allons sortir dans la cour, au pas, en chantant... Regardez la hauteur immense de la couche d'air qui est au-dessus de vos têtes. Etendez tous la main droite : rappelez-vous que l'atmosphère a plus de 60000 mètres d'épaisseur. Elle exerce sur votre main une pression de plus de 100 kilogrammes : c'est ce qu'on nomme la *pression atmosphérique*. Louis se demande peut-être comment il se fait que notre main puisse supporter ce poids, alors qu'il lui serait impossible de porter l'un de vous, par exemple, dont le poids est bien inférieur à 100 kilogrammes. Je ne vous le dirai pas parce que vous ne pourriez pas le comprendre; je vous l'expliquerai quand vous serez dans la première division.

2. — Voyons, Etienne, que dites-vous tout bas à votre camarade? Il doit y avoir quelque chose qui

vous embarrasse, et vous avez une explication à me demander; ne craignez pas de m'interroger, mon enfant, vous savez que j'aime beaucoup que l'on me fasse des questions, et que je suis heureux d'y répondre. — Monsieur, je ne m'imagine pas comment on a pu faire pour mesurer la hauteur de l'atmosphère et trouver ce que pèse la couche d'air que notre main supporte. — Je vous félicite, mon petit ami, de votre question : elle prouve que vous réfléchissez. Il n'y a pas bien longtemps que l'on sait cela; ce n'est que vers le milieu du dix-septième siècle qu'a été inventé l'instrument avec lequel on peut *mesurer* la pression atmosphérique : on l'appelle *baromètre*[1].

Je vais, au moyen de deux expériences très simples, vous montrer l'existence de la pression atmosphérique.

Je mets dans cette carafe des morceaux de papier allumés; l'air intérieur s'échauffe, se dilate[2] et s'échappe en partie de la carafe, de sorte que ce qui reste est moins lourd. Je ferme le goulot avec cet œuf dur, dont j'ai enlevé la coquille; voyez ce qui se passe : l'œuf s'enfonce tout doucement..... le voilà tombé au fond. Pourquoi? Parce que, l'air renfermé dans la carafe étant plus léger, la pression atmosphérique presse sur l'œuf de haut en bas et le force à entrer.

Voyez maintenant ce verre plein d'eau; si je le recouvre avec une feuille de papier et que je le re-

---

1. *Baromètre*. Ce mot est composé de deux parties : *baro*, qui désigne la pesanteur de l'air, c'est-à-dire la pression atmosphérique, et *mètre*, qui signifie *mesure*; de sorte que baromètre veut dire : qui mesure la pression atmosphérique.

2. *Se dilater* veut dire s'étendre.

tourne, qu'arrivera-t-il, Louis? — Toute l'eau tombera, avec le papier. — Pourquoi? — Parce que l'eau est plus lourde que le papier. — Voyons;

Fig. 2.

je le retourne en soutenant la feuille avec ma main. Louis va dire que l'eau ne tombe pas parce que je soutiens le papier; je retire ma main..... Tiens, l'eau n'est pas tombée. Cela vous étonne, Louis, ainsi que vos camarades. Vous vous demandez ce qui retient le papier : c'est tout simplement la pression atmosphérique, qui le pousse de bas en haut avec une force bien plus grande que le poids de l'eau contenue dans le verre.

Fig. 3.

## II. — Ses applications à l'agriculture.

### LE BAROMÈTRE. LA POMPE

**3. Le baromètre.** — Il se compose d'un tube en verre de 1 mètre de long presque plein de mercure[1], et d'une petite cuvette contenant aussi du mercure, dans laquelle plonge l'extrémité ouverte du tube (*fig.* 4). Le liquide s'élève jusqu'à une hauteur de 0m,76 environ : c'est cette colonne de mercure qui représente la pression atmosphérique; de sorte qu'une couche de mercure de 0m,76 d'épaisseur, posée sur votre main étendue, aurait le même poids (plus de 100 kilogrammes) que la couche d'air de 60 kilomètres que supporte votre main lorsque vous l'étendez.

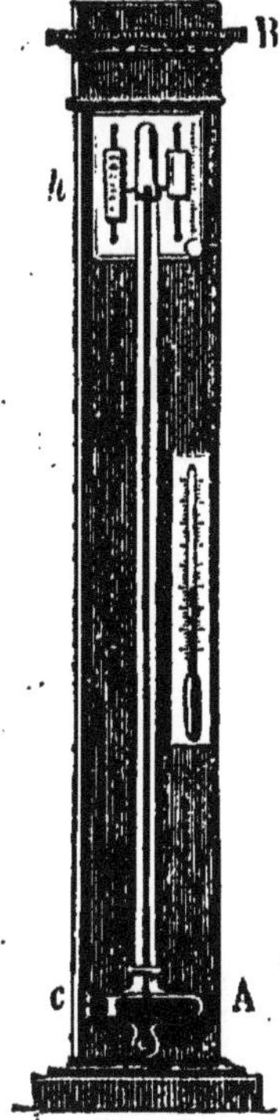

Fig. 4.

4. — Pour que vous vous rendiez compte de ce que signifient ces expressions : *le baromètre monte, le baromètre baisse*, je dois vous dire que l'air n'a pas toujours le même poids; lorsque, par exemple, il contient beaucoup de vapeur d'eau (qui n'est pas si lourde que lui), il pèse moins : alors la colonne de mercure

1. *Mercure* ou *vif-argent*. C'est un métal liquide qui est treize fois plus lourd que l'eau, c'est-à-dire qu'un litre de mercure pèse 13 kilogrammes.

descend dans le tube, ce que l'on exprime en disant que le baromètre *baisse*. Si, au contraire, le lendemain l'air est sec, c'est-à-dire ne contient presque pas de vapeur d'eau, il est plus lourd : alors la colonne de mercure remonte dans le tube, et l'on dit que le baromètre *monte*.

Cet instrument est très utile, surtout en agriculture, parce que les mouvements de la colonne de mercure indiquent assez souvent les changements de temps. Ainsi, quand le baromètre monte lentement, cela indique qu'il va faire beau; lorsqu'il baisse, presque toujours la pluie est proche.

5. **La pompe.** — Pourriez-vous nous dire, Charles, pourquoi, l'année dernière, votre père a fait remplacer le puits de la ferme par une pompe? — C'est parce qu'il faut beaucoup d'eau pour les bestiaux, et mon père disait toujours qu'il est bien fatigant de tirer de l'eau au puits, qui est très profond; avec la pompe, c'est plus facile. — Certainement; je vais vous faire une petite expérience qui vous donnera une idée assez juste du fonctionnement de la pompe. Je plonge le tube B dans un verre F à moitié plein d'eau rougie : comme vous le remarquez, l'eau s'est élevée dans le tube à la même hauteur A que dans le verre. J'aspire, par l'extrémité C du tube; vous voyez que l'eau a monté dedans et l'a rempli, parce que j'ai aspiré tout l'air qu'il contenait et que l'eau a remplacé. D'ailleurs il vous est arrivé quelquefois de faire cela en buvant avec un brin de

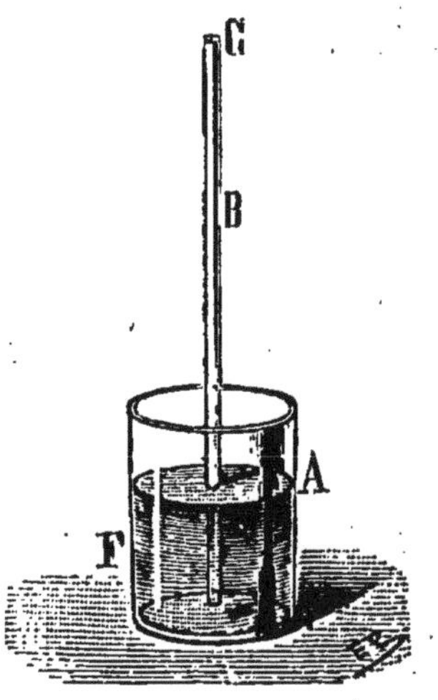

Fig. 5.

paille. La même chose a lieu dans la pompe ; regardez maintenant la figure 6 de votre livre. Le tuyau d'aspiration *b*, qui plonge dans l'eau du puits ou du réservoir V, représente notre tube B ; en soulevant et en abaissant le balancier *d*, on fait descendre, puis remonter le piston *p*, qui aspire l'air, comme je l'ai fait tout à l'heure, de sorte que l'eau monte dans le tube, puis dans le corps de pompe, d'où elle sort par le tuyau *e*.

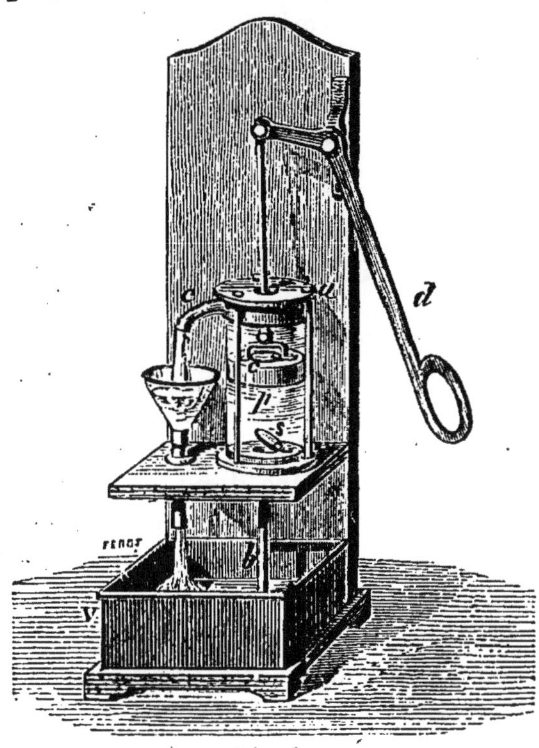

Fig. 6.

## RÉSUMÉ

**I. — 1. Les gaz sont pesants; 1 litre d'air pèse $1^{gr},3$, c'est-à-dire 700 fois moins que l'eau, mais le poids de l'atmosphère, ou *pression atmosphérique*, est énorme. — 2. L'instrument avec lequel on mesure la pression atmosphérique s'appelle *baromètre*. — II. — 3. Il se compose d'un tube en verre presque plein de mercure et d'une cuvette de mercure dans laquelle il est plongé. — 4. Lorsque le baromètre monte, il est probable qu'il fera beau temps, et quand il baisse, qu'il tombera de la pluie.**

**— 5. La pompe est bien commode pour avoir de l'eau; elle est composée d'un tuyau d'aspiration qui plonge dans le puits, d'un piston enfermé dans le corps de pompe, et d'un balancier qui fait monter et descendre le piston.**

---

# CHAPITRE III

## I. — L'EAU

1. — Vous connaissez l'eau; vous en avez bu souvent : vous savez que c'est un liquide, c'est-à-dire une substance que l'on peut mettre dans un vase et qui coule si l'on penche le vase. L'eau est un liquide sans saveur, ni odeur[1]. Elle est très utile aux hommes, et à qui encore, Gaston? — Aux animaux et aux végétaux.

2. — Vous croyez sans doute que l'eau est un corps simple; vous serez bien surpris quand je vous aurai montré que ce liquide est composé de deux gaz : l'*oxygène,* qui entre aussi dans la composition de l'air, et l'*hydrogène,* que je vais vous faire voir au moyen d'une expérience. J'enfonce une cloche (ou un verre) dans l'eau de ce vase de manière à l'emplir, puis, sans la sortir de l'eau, je la retourne en la tenant un peu inclinée. Je prends, avec une pince, un gros charbon allumé que je plonge dans le vase au-dessous de l'ouverture de la cloche; comme vous le constatez, l'eau se décompose avec bruit et des bulles de gaz montent dans la cloche : c'est de l'hydrogène.

---

1. *Sans saveur*, qui n'a pas de goût. *Sans odeur*, qui ne sent rien.

3. — Si je vous demande d'où vient l'eau, vous me répondrez qu'elle tombe des nuages : c'est vrai ; mais, l'eau, ou plutôt la vapeur d'eau qui forme les nuages, d'où vient-elle? Vous n'en savez rien; je vais vous le dire : c'est très curieux. Pour que vous compreniez mieux, je vais faire ce qui vous amuse toujours : une expérience. Vous vous en êtes doutés, j'en suis sûr, quand vous m'avez vu mettre sur le poêle cette casserole pleine d'eau. Qu'y a-t-il, Jean,

Fig. 7.

au-dessus de l'eau, qui est chaude maintenant? — Il y a de la fumée. — Oui; c'est une espèce de fumée, ou plutôt c'est un gaz, ou encore de la vapeur. Qu'est-ce qui a formé cette vapeur? — C'est l'eau. — Voilà pourquoi on l'appelle de la *vapeur d'eau*. Qui pourra me dire pourquoi elle monte dans l'atmosphère?..... Vous, Alfred? — Parce qu'elle est plus légère que l'air. — C'est cela. Je place cette assiette, qui est froide, au-dessus de la casserole, en l'inclinant un peu, et au-dessous, ce verre qui ne contient rien. Comme vous le voyez, la vapeur d'eau, au contact de l'assiette froide, se change en petites gouttelettes : les voilà qui se réunissent et tombent dans le verre. Quelque chose de semblable a lieu dans la nature. La chaleur du soleil transforme[1] l'eau de la mer et des fleuves en vapeur, qui s'élève dans l'atmosphère où elle forme les *nuages*. Lorsque ceux-ci rencontrent un courant d'air un peu froid, la vapeur d'eau se change en gouttes de pluie qui tombent sur la terre, d'où l'eau s'en va dans les rivières et dans les fleuves, qui la ramènent à la mer.

4. — Vous voyez que l'eau est tantôt un *gaz* (c'est alors la *vapeur d'eau*), et tantôt un *liquide*, comme l'eau que nous buvons; elle peut aussi être un *solide*, lorsque le froid la congèle : c'est la *glace*.

## II. — Ses applications à l'agriculture.

5. — Je me rappelle que l'un de vos camarades, ayant semé au printemps des graines de différentes fleurs, est venu me demander pourquoi aucune n'avait levé, bien qu'il ne les eût pas trop enterrées. Les avez-vous arrosées, lui dis-je? — Mais non; je les arroserai quand elles seront levées. — Eh bien! arrosez-les chaque jour. Il le fit pendant deux ou trois jours, et, comme il n'est pas patient, il vint me déclarer que cela ne servait à rien. Continuez tout de même, lui répondis-je. Enfin, la semaine suivante, il arriva un matin tout joyeux, et me dit que j'avais eu raison : ses graines étaient levées. Qu'est-ce que cela prouve, Edmond? — Que les graines ont besoin d'eau pour germer. — Certainement. Ainsi, en 1893, le printemps ayant été extrêmement sec, la plupart

---

1. *Transforme*, c'est-à-dire change.

des graines semées à cette époque n'ont pas levé, il a fallu les semer plusieurs fois, et toutes n'ont pas germé. L'eau est également nécessaire aux plantes pour se développer; la preuve, c'est que l'été de cette même année 1893 ayant été aussi très sec, il n'y a presque pas eu de foin, ni de paille, et les récoltes de pommes de terre, de betteraves, etc., ont été bien moins abondantes. Le père Jacques, dont vous connaissez tous le jardin, récolte de très beaux légumes parce qu'il les arrose quand le temps est sec.

6. **Irrigation.** — L'eau est si nécessaire au développement des plantes, que dans les pays chauds surtout, où elles n'en ont jamais assez, on leur en donne par *l'irrigation,* qui produit d'excellents résultats, principalement dans les prairies. (Pour plus de renseignements sur l'irrigation, consulter mon petit livre d'agriculture[1], pages 33 à 35.)

7. **Drainage.** — Mais si l'eau est utile, elle peut devenir nuisible quand elle se trouve en trop grande quantité dans certaines terres, surtout dans les sols argileux, parce qu'elle empêche les récoltes de réussir. Qui d'entre vous connaît le moyen employé pour faire disparaître cet excès d'eau?..... Vous, Jean? — On emploie le *drainage*. — Oui; vous avez vu votre voisin, le nouveau fermier, faire drainer ses champs. Dites-nous, en quelques mots, ce que l'on a fait. — On a creusé de petits fossés et on a placé, au fond, des tuyaux en terre cuite. — C'est cela. (Pour plus

1. *Notions élémentaires et méthodiques d'agriculture, d'horticulture et d'arboriculture.* Cours moyen et supérieur. Librairie Belin frères; prix : 1 franc. Huitième édition, revue et augmentée de vingt-deux sujets de rédaction pour le certificat d'études. Ouvrage couronné par la Société nationale d'encouragement au bien et honoré d'une médaille de bronze à l'Exposition universelle de 1889, etc.

de détails sur le drainage, consulter mon petit livre d'agriculture, pages 30 à 32.)

8. — L'eau est indispensable aux animaux domestiques ; malheureusement celle qu'ils ont à boire est trop souvent malpropre, quelquefois même empoisonnée comme celle des mares où se rend le purin, et qui fait périr les bestiaux.

9. **Puits.** — L'eau est tellement nécessaire en agriculture, que les cultivateurs cherchent à s'en procurer en creusant des fosses dans les terrains imperméables[1] ou des puits auprès de leurs habitations. Mais il faut prendre une précaution trop souvent méconnue dans les campagnes : c'est de ne pas placer le puits auprès du fumier, ou de la fosse à purin, ou des lieux d'aisances, afin d'éviter des maladies très dangereuses, telles que la fièvre typhoïde[2] et le choléra.

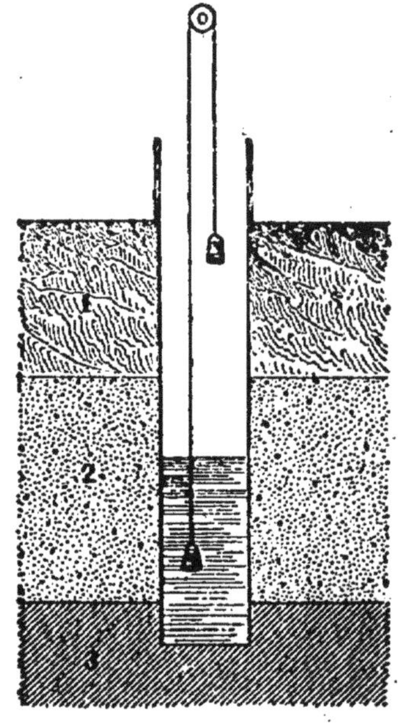

Fg. 8. — Puits.

### III. — Ses applications à l'hygiène.

10. — Je suis sûr que vous savez tous quelle est la meilleure boisson, la plus saine et la plus répandue. — C'est l'eau. — Oui ; pour qu'elle soit

1. *Imperméable* veut dire : qui retient l'eau, ne la laisse pas s'écouler.
2. *Fièvre typhoïde*, maladie épidémique et contagieuse, qui se propage surtout par l'eau qu'on boit.

bonne à boire, il faut qu'elle soit *potable*, c'est-à-dire claire, fraîche, et sans odeur, comme l'eau de source, de puits ou de fontaine. Savez-vous à quoi l'on reconnaît qu'une eau n'est pas potable?..... Non; eh bien! vous l'allez apprendre au moyen d'une petite expérience que je vais faire pour vous récompenser de l'attention que vous apportez à nos petites leçons de choses sur les sciences. Qu'est-ce que c'est que la poudre blanche renfermée dans cette petite bouteille de notre musée scolaire? Vous ne pourriez me le dire, car cela ressemble aussi bien à de la farine qu'à du sucre en poudre, et cependant ce n'est ni l'un ni l'autre : c'est du *plâtre*. J'en mets une pincée dans ce verre presque plein d'eau et je remue pour faire dissoudre le plâtre; maintenant je racle un peu de savon dans ce verre et dans celui-ci, qui contient de l'eau de notre pompe : dites ce que vous voyez, Paul. — Le savon se forme en petits morceaux avec le plâtre, tandis qu'il fond dans l'eau de la pompe. — Il faut dire qu'il se dissout et non qu'il fond. Si je voulais faire cuire des légumes, des haricots par exemple, dans cette eau contenant du plâtre, savez-vous ce qui arriverait?..... Eh bien! au lieu de cuire, les haricots durciraient : c'est encore par ce moyen qu'on reconnaît qu'une eau n'est pas potable. Si, au lieu de plâtre, j'avais mis dans l'eau un peu de craie en poudre, la même chose aurait eu lieu.

11. **Filtre.** — Il faudrait avoir soin de filtrer l'eau qu'on boit : c'est d'autant plus facile qu'on peut fabriquer soi-même un filtre économique. Il suffit de mettre dans une petite barrique ou dans un seau des couches alternatives de sable et de charbon de bois.

12. — Une précaution très importante, c'est, en

temps d'épidémie[1] (surtout s'il s'agit de fièvre typhoïde), de faire bouillir l'eau que l'on doit boire : la chaleur tue les germes qui causent cette maladie.

13. — L'eau est une boisson excellente ; je vois Léon qui secoue la tête et n'a pas l'air d'être de cet avis. C'est, sans doute, parce qu'il a été malade pendant huit jours, l'été dernier, pour avoir bu de l'eau à la fontaine. Il fait signe que oui. Mais je sais ce qui l'a rendu malade, quoiqu'il n'ait pas voulu le dire à ses parents : c'est qu'il avait couru avec son ami Joseph, et qu'il était en sueur quand il a bu cette eau. Ce n'est pas elle qui a causé sa maladie ; c'est parce qu'il a eu l'imprudence d'en boire alors qu'il avait chaud : il a même eu de la chance d'en être quitte à si bon marché, car il aurait pu avoir une *fluxion de poitrine*, qui eût duré très longtemps, et peut-être même l'eût fait mourir. Cela vous montre, mes enfants, que, lorsque vous aurez chaud, vous devrez éviter les refroidissements, qui se produiraient si vous buviez, comme votre camarade Léon, de l'eau fraîche ; ou bien si vous vous placiez dans un courant d'air ; ou encore si vous vous couchiez sur le sol, ou à l'ombre d'un arbre.

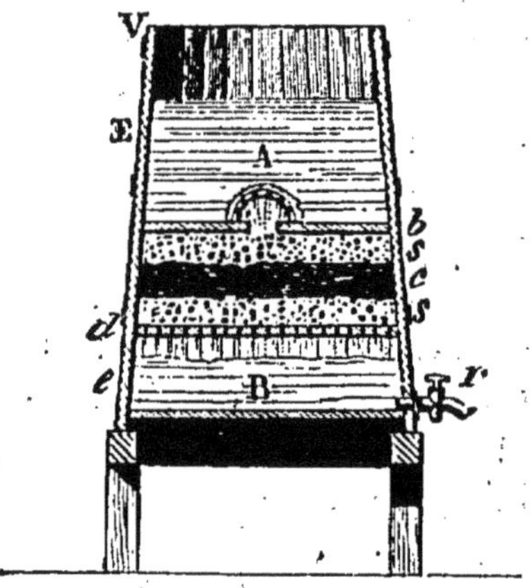

Fig. 9. — Appareil à filtrer l'eau. L'eau se clarifie[2] en traversant les couches de sable *s* et de charbon *c*.

1. *Épidémie*, maladie qui attaque un très grand nombre de personnes à la fois.
2. *Se clarifie* veut dire : devient claire.

14. — L'eau a bien d'autres usages, que vous connaissez; elle sert, en particulier, pour les soins de propreté. Dites-nous, Lucien, en quoi consistent ces soins, que vous prenez, comme doit le faire tout enfant qui veut être en bonne santé. — Le matin, je me débarbouille, puis je me lave les dents et les mains. Maman veut que je me lave les mains plusieurs fois par jour, surtout avant les repas. — Elle a bien raison; et les pieds, vous n'en parlez pas. — Je prends un bain de pieds par semaine, quelquefois deux. En été, papa m'emmène avec lui prendre un bain dans la rivière. — Il fait bien; c'est très utile. Mais surtout, n'allez pas, mes chers enfants, vous baigner seuls ou avec des jeunes gens : n'y allez qu'avec vos parents, ou des personnes raisonnables, et rappelez-vous bien que vous ne devez jamais vous mettre dans l'eau que quatre ou cinq heures, au moins, après le repas.

15. — Les petites filles connaissent toutes un autre usage de l'eau : c'est le blanchissage du linge, surtout par la lessive. Il faut en effet que les draps de lit, les chemises, les mouchoirs, les serviettes, etc., soient nettoyés et lavés avant de servir de nouveau.

## RÉSUMÉ

**I. — 1. L'eau est un liquide sans saveur ni odeur, qui est très utile à l'homme, ainsi qu'aux animaux et aux végétaux. — 2. Ce n'est pas un corps simple; elle est formée de deux gaz : l'*oxygène* et l'*hydrogène*. — 3. L'eau vient de la mer : la chaleur du soleil la change en *vapeur d'eau* qui forme les *nuages*, d'où elle tombe en pluie. — 4. Elle peut prendre les trois états des corps; 1° l'état *gazeux :* c'est la *vapeur d'eau;* 2° l'état *liquide :* c'est l'*eau;* 3° l'état *solide :* c'est la *glace*. — II. — 5. Elle est très utile en agriculture : elle est indispensable aux plantes, d'abord pour germer, ensuite pour se développer; dans**

**les jardins, on arrose les légumes. — 6. Par l'*irrigation*, on donne aux végétaux l'eau qui leur manque. — 7. Par le *drainage*, on enlève aux terres celle qu'elles contiennent en trop grande quantité. — 8. Les animaux domestiques ont besoin de boire de l'eau, et surtout de l'eau propre. — 9. Les puits doivent être creusés loin du fumier, de la fosse à purin, et des lieux d'aisances. — III. — 10. L'eau que nous buvons doit être *potable*, c'est-à-dire claire, fraîche, et sans odeur; il faut, de plus, qu'elle puisse dissoudre le savon et cuire les légumes. — 11. Il est prudent de filtrer l'eau avant de la boire. — 12. Il faut la faire bouillir en temps d'épidémie. — 13. Quand on a chaud, on ne doit jamais boire d'eau fraîche, ni se placer dans un courant d'air, ni se coucher sur le sol ou à l'ombre d'un arbre. — 14. L'eau est nécessaire pour les soins de propreté. — 15. Elle sert aussi pour le blanchissage du linge.**

---

# CHAPITRE IV

## I. — L'EAU (*suite*).

### LA VAPEUR D'EAU : BROUILLARDS ET NUAGES; ROSÉE ET GELÉE BLANCHE

1. — Vous devez vous rappeler l'expérience que nous avons faite sur la vapeur d'eau avec une assiette ; voyons, Charles, qu'est-ce que c'est que la vapeur d'eau? — C'est de l'eau que la chaleur a transformée en vapeur, c'est-à-dire en un gaz, qui est plus léger que l'air. — Bien; cette vapeur étant, en effet, plus légère que l'air, s'élève dans l'atmosphère, où elle subit différents changements.

2. **Brouillards et nuages.** — En se refroi-

dissant, la vapeur d'eau, vous vous en souvenez, se condense, c'est-à-dire devient des gouttelettes très petites, qui se réunissent pour former les *brouillards* ou les *nuages* : si elles restent près de la terre, ce sont les *brouillards;* si elles s'élèvent dans l'atmosphère, ce sont les *nuages.* Quelle différence y a-t-il entre les brouillards et les nuages, Emile? — Il n'y en a pas : c'est la même chose. — Evidemment.

3. **Rosée.** — Il vous est certainement arrivé quelquefois de remarquer, le matin en venant à l'école, que l'herbe au bord des chemins, les prairies, etc., sont couvertes de milliers de petites gouttelettes d'eau : savez-vous ce que c'est? — C'est de la *rosée.* — Oui; cette rosée est formée par la vapeur d'eau qui se refroidit pendant la nuit et se dépose sur les brins d'herbe.

4. **Gelée blanche.** — Si le froid de la nuit est plus considérable, les gouttes de rosée se congèlent et forment la *gelée blanche.* Alors, qu'est-ce que c'est que la gelée blanche, Ernest? — C'est de la rosée très refroidie. — Parfaitement.

## II. — Ses applications à l'agriculture.

5. — La vapeur d'eau a une grande importance en agriculture; comme vous l'avez vu, elle forme la rosée et les nuages, qui fournissent aux végétaux la pluie dont ils ont besoin.

6. **Rosée.** — La rosée rend des services, car elle arrose les plantes, et, en outre, entretient l'humidité du sol.

7. **Gelée blanche.** — En est-il de même de la gelée blanche, Victor? — Oh! non; papa est

obligé de couvrir ses plantes, le soir, avec des paillassons dans la crainte qu'elles ne gèlent. — Votre père, comme tous les jardiniers, redoute en effet la gelée blanche, qui, au printemps, peut détruire toute une récolte en une seule nuit.

## III. — Ses applications à l'hygiène.

8. — On se sert aussi de la vapeur d'eau pour chauffer les habitations; on emploie, dans ce but, des calorifères[1] qui font bouillir l'eau et envoient la vapeur dans des tuyaux traversant les appartements.

9. — Vous connaissez le père Mathurin, qui marche si difficilement en s'appuyant sur des béquilles, et se plaint continuellement que ses douleurs le font beaucoup souffrir; vous ne savez pas ce qui les lui a occasionnées. Vous, Auguste, qui êtes son voisin, avez-vous remarqué ce qu'il y a sur les murs, à l'intérieur de sa maison? — Il y a toujours de l'eau. — Et chez vous? — Il n'y en a pas. — Pourquoi cette différence?..... Vous ne le savez pas. Que faites-vous pour entrer dans votre maison? — Je monte une marche. — Et pour entrer dans celle du père Mathurin? — J'en descends deux. — Comprenez-vous maintenant? L'eau qui tombe s'infiltre dans la terre et pénètre dans les murs, où elle entretient la fraîcheur et l'humidité. Vous voyez, par cet exemple, combien les maisons humides sont malsaines; c'est pour la même raison qu'on ne doit jamais habiter une maison aussitôt qu'elle est construite : il faut la laisser sécher le plus longtemps possible.

1. *Calorifère*. C'est un appareil de chauffage.

RÉSUMÉ

**I. — 1. La vapeur d'eau est de l'eau que la chaleur a changée en vapeur, c'est-à-dire en gaz. — 2. Les brouillards et les nuages, c'est la même chose : ils sont formés par la vapeur d'eau qui se condense. — 3. La rosée est produite par la vapeur d'eau qui se refroidit pendant la nuit. — 4. La gelée blanche, c'est de la rosée très refroidie. — II. — 5. La vapeur d'eau forme la rosée et les nuages, qui fournissent la pluie aux végétaux. — 6. La rosée arrose les plantes et entretient l'humidité du sol. — 7. La gelée blanche détruit les récoltes, au printemps. — III. — 8. La vapeur d'eau sert au chauffage des maisons. — 9. Les habitations humides sont très malsaines, car elles occasionnent des douleurs.**

---

# CHAPITRE V

## I. — L'EAU (*fin*).

### LE FROID, LA NEIGE, LA GRÊLE, LA GLACE

1. — Vous vous êtes certainement aperçus que la chaleur diminue de plus en plus à mesure que l'hiver approche; dans cette saison, on remplace le mot *chaleur* par quel mot, Alfred? — Par le mot *froid*. — Eh bien! c'est le froid qui cause la *neige*, la *grêle* et la *glace*.

2. **La neige.** — Je vous ai dit (n° 3, page 20), que, lorsque la vapeur d'eau rencontre un courant d'air un peu froid, elle se condense et tombe en pluie. Si le courant d'air est plus froid encore, comme en hiver, les gouttelettes se congèlent et se réunissent

les unes aux autres pour tomber sous forme de *flocons* blancs : c'est ce qu'on appelle, vous le

Fig. 10. — Formes de la neige.

savez, la *neige*. Elle est très curieuse à examiner; regardez la gravure de votre livre. Voyez toutes les belles formes que prennent les flocons et quels jolis dessins ils représentent : on dirait des étoiles à six branches, ou des fleurs à six pétales. Comptez les différentes parties dont elles se composent, vous en trouverez toujours six.

3. **La grêle.** — Il arrive quelquefois, en été, qu'au commencement d'un orage, surtout si le temps est très noir, il tombe de la *grêle*. C'est encore le froid qui la produit; lorsque les nuages sont à une grande hauteur, et qu'ils rencontrent un courant d'air très froid, les gouttelettes se refroidissent rapidement et se congèlent sous forme de petits morceaux de glace, nommés *grêlons,* qui tombent sur la terre.

4. **La glace.** — Vous savez ce que c'est que la *glace*, Léopold. — C'est de l'eau à l'état solide. — Oui; c'est de l'eau que le froid a congelée. Pourriez-vous nous dire si, en se solidifiant, c'est-à-dire en se changeant en glace, elle augmente ou diminue de volume? Vous n'en savez rien. Vous rappelez-vous, Edouard, que l'hiver dernier j'ai empli d'eau une bouteille dont le goulot était enlevé, et que je l'ai mise dans la cour, le soir, après la classe? — Oui, Monsieur; et le lendemain matin, nous l'avons trouvée en morceaux : la glace l'avait cassée. — Pourquoi?..... Vous ne le savez pas. C'est parce que l'eau, en se congelant, augmente de volume. Cela vous montre qu'il ne faut jamais laisser dehors, en hiver, des marmites ou autres vases pleins d'eau : ils seraient brisés.

## II. — Ses applications à l'agriculture.

5. **Utilité de la neige.** — Vous croyez probablement que la neige ne sert à rien, si ce n'est à

vous permettre de faire des boules pour vous amuser. Elle est très utile, parce qu'elle recouvre la terre d'une espèce de manteau préservant le blé des fortes gelées qui le feraient périr sans cela.

6. — La gelée rend des services, surtout dans les terres argileuses labourées avant l'hiver, parce qu'elle brise les mottes et ameublit ainsi le sol, qui sera plus fertile. Mais, dans les champs de blé, elle soulève la terre : on remédie à cet inconvénient en faisant passer le rouleau dans ces champs, au printemps.

7. — La grêle, vous le savez, occasionne souvent beaucoup de dégâts, surtout lorsque les grêlons sont poussés par le vent : alors, les récoltes sont abîmées, et les fruits détachés de leurs branches.

### III. — Ses applications à l'hygiène.

8. — Le froid, quand il n'est pas trop rigoureux, est salutaire, s'il est sec. Mais il a un grand inconvénient, que vous connaissez bien, vous, Louis, qui toussez presque toujours : c'est de causer des *rhumes*. Pour les éviter, il faut prendre garde de vous refroidir. Si le rhume est léger, on prend, au moment de se coucher, une boisson chaude, par exemple de l'eau sucrée additionnée d'eau-de-vie ou de rhum. S'il donne un peu de fièvre, on reste au lit et on boit des tisanes chaudes, en ayant soin de faire diète[1]. Lorsqu'il n'y a pas de mieux au bout de deux ou trois jours, on doit appeler le médecin ; car un rhume mal soigné peut devenir une fluxion de poitrine, maladie qui est très grave.

1. *Faire diète*, c'est manger peu.

RÉSUMÉ

**I. — 1. La chaleur diminue de plus en plus à mesure que l'hiver approche : alors il fait *froid*. — 2. La *neige* est produite par le froid, qui congèle les gouttelettes d'eau en forme de flocons blancs ressemblant à des étoiles à six branches. — 3. La *grêle* est aussi causée par le froid, qui congèle les gouttelettes d'eau en petits morceaux de glace appelés *grêlons*. — 4. La *glace* n'est autre chose que de l'eau à l'état solide : c'est de l'eau que le froid a congelée. — II. — 5. La neige préserve le blé des fortes gelées. — 6. La gelée brise les mottes et ameublit le sol; mais, dans les champs de blé, elle soulève la terre, que l'on tasse en y faisant passer le rouleau. — 7. La grêle occasionne de grands dégâts : elle brise les récoltes et fait tomber les fruits. — III. — 8. Le froid est favorable à la santé; mais il peut causer des rhumes, qu'il faut soigner.**

---

# CHAPITRE VI

## I. — LA CHALEUR. LA COMBUSTION

### LA TEMPÉRATURE. LE THERMOMÈTRE

1. — Lorsque nous avons froid, en hiver, nous nous approchons du feu pour nous chauffer; en été, la chaleur du soleil nous suffit. Comme vous le voyez, la chaleur peut être produite de différentes manières : par le soleil, qui fournit la chaleur naturelle, par le feu, qui donne une chaleur artificielle.

2. — Les effets de la chaleur sont curieux et très importants; nous en avons vu dans l'une de nos dernières leçons, vous vous le rappelez, Gabriel? — La

chaleur du poêle a transformé l'eau en vapeur. — En d'autres termes, elle change les liquides en gaz; qui connaît d'autres effets de la chaleur?..... Personne ne lève la main. Cela ne m'étonne pas, à votre âge on n'observe guère. Charles, vous n'avez donc jamais vu votre maman faire cuire un morceau de viande ou un ragoût dans la casserole? — Si, Monsieur. — Que met-elle dedans? — De la graisse, ou du beurre. — Et que devient le beurre, qui est un corps solide? — Il fond, et devient liquide. — Qu'est-ce que vous en concluez? — Que la chaleur transforme certains solides en liquides. — Elle produit encore un autre effet, qui a beaucoup d'applications, et que je vais vous faire connaître par une expérience.

3. **Dilatation**. — Vous avez constaté, il y a quelques instants, que la petite tige de fer que j'ai mise dans le poêle passait facilement entre les deux pointes fixées sur cette planche; je la retire avec les pincettes, elle est presque rouge; je veux la replacer entre les deux pointes : c'est impossible, elle est devenue trop longue. Qu'est-ce que cela prouve, Léon? — Que la chaleur allonge les corps solides. — Elle les *dilate*, c'est-à-dire les fait augmenter de volume. Est-ce que les liquides se dilatent aussi? Vous n'en savez rien. Au commencement de la leçon, j'ai mis cette cafetière d'eau sur le poêle, en vous faisant remarquer qu'elle n'était pas complètement remplie. Et maintenant? — Elle est pleine. — La chaleur a donc augmenté le volume de l'eau. Pour rendre la dilatation encore plus sensible, je vais plonger dans l'eau chaude cette petite bouteille pleine d'eau rougie, et fermée par un bouchon percé muni d'un tube en verre contenant de l'eau jusqu'en A : vous voyez le liquide s'élever immédiate-

ment dans le tube jusqu'en B. Et les gaz, croyez-vous qu'ils se dilatent? Nous allons encore faire une petite expérience pour le savoir. Voici une vessie de porc qu'Etienne m'a apportée. Je la gonfle à moitié en soufflant dedans avec ce tuyau de pipe, et je lie l'ouverture avec un brin de fil. Que contient-elle, Jean? — Rien. — Voilà ce qui arrive quand on parle sans réfléchir. Et vous, Pierre? — Elle contient de l'air. — C'est-à-dire un gaz. J'ouvre la porte du poêle, et je mets la vessie bien près du feu.... Que voyez-vous? — Elle se gonfle. — Pourquoi? — Parce que la chaleur dilate l'air qu'elle renferme. — Bien. Vous voyez donc que la chaleur dilate les solides, les liquides et les gaz.

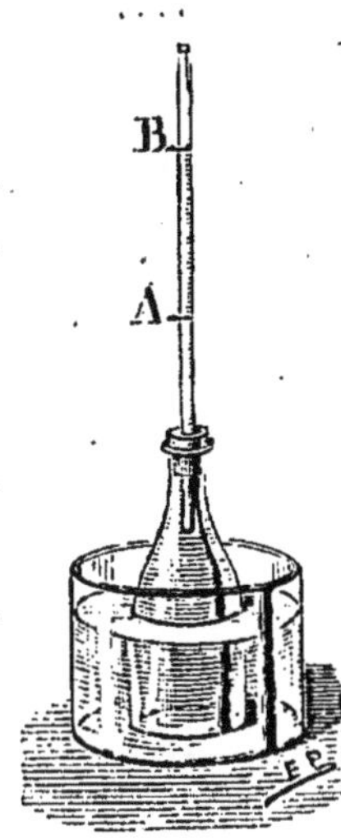

Fig. 11.

4. — Vous allez nous dire, Georges, vous qui êtes le fils d'un forgeron, quelle est l'application[1] que fait votre père de la dilatation des corps. — Il n'en fait pas. — Vraiment? Et vous aussi, vous avez vu sans observer. Eh bien! expliquez-nous comment il s'y prend pour mettre un cercle en fer à la roue d'une voiture. — Il le fait chauffer, et, quand le cercle est rouge, il le place sur la roue; ensuite, il le plonge dans l'eau froide. — Pourquoi le fait-il chauffer? — Pour l'agrandir, parce que, sans cela, le cercle ne peut pas être posé sur la roue, il est trop petit. — C'est donc la chaleur qui

1. L'*application* veut dire ici : la mise en pratique ou la mise en usage de la dilatation.

l'a dilaté; étant refroidi ensuite par l'eau, il se contracte et serre les différentes pièces de bois de manière à les maintenir solidement assemblées.

5. — Avez-vous remarqué, Jules, lorsque vous êtes allé à la station, comment sont placés les rails du chemin de fer? — Ils sont placés bout à bout. — Evidemment; mais se touchent-ils? — Sans doute. — Ah! vous n'en doutez point, vous; cela montre encore que vous n'avez pas bien observé ce que vous avez vu. Si l'on n'avait pas laissé un intervalle de quelques millimètres quand on les a posés, que serait-il arrivé, l'été suivant, lorsque la chaleur du soleil les aurait dilatés, c'est-à-dire les aurait allongés? — Ils se seraient courbés. — Qu'en serait-il résulté? — Les trains auraient déraillé. — Vous voyez, par là, quels sont les avantages de la science et de l'instruction.

6. **La combustion.** — Vous ne vous êtes peut-être jamais demandé, en vous chauffant les mains quand il fait grand froid, ce que c'est que le feu, ce qui le produit, quelle est son utilité, ce que nous deviendrions si tout à coup nous en étions privés. Vous voyez le bois brûler dans la cheminée en produisant une belle flamme qui vous réchauffe : c'est ce qu'on nomme la *combustion*. Mais qu'est-ce qui produit cette flamme et l'entretient? Vous ne le savez pas. C'est un gaz dont nous avons déjà parlé : c'est l'oxygène de l'air.

7. — Les corps qui brûlent, comme le bois, le charbon, etc., sont des *combustibles*.

8. **La température.** — Vous avez dû remarquer que plus l'eau reste longtemps exposée à la chaleur du feu, plus elle s'échauffe; il en est de même des autres corps : c'est ce qu'on exprime en disant que leur température est plus ou moins élevée.

**9. Le thermomètre[1].** — Si vous voulez vous rendre compte de la température de l'eau que vous avez mise au feu, il faudra y plonger votre doigt, ce qui vous expose à vous brûler. Pour éviter cet inconvénient et pouvoir néanmoins apprécier[2] cette température ainsi que beaucoup d'autres, on a inventé un petit instrument, le *thermomètre*, qui est basé sur la dilatation des liquides. C'est un tube de verre, très fin, se continuant par un réservoir plus large, et qui contient du mercure, ou de l'alcool[3] coloré en rouge. Il porte des divisions, de 0 à 100, qu'on appelle *degrés centigrades*. Le *zéro* marque la température de l'eau au moment où elle se change en glace, et le point *cent*, celle de l'eau au moment où elle se transforme en vapeur. Regardez ce thermomètre; il marque 12°. Je le mets auprès du poêle; voyez : l'alcool monte, il est à 13°; le voilà à 14, puis 15, 16, 17, 18°. Pourquoi ce liquide monte-t-il ainsi, René? — Parce que la chaleur le dilate. — C'est cela.

Fig. 12.

## II. — Ses applications à l'agriculture.

10. — Je n'ai pas besoin de vous dire qu'on ne sème pas de graines en hiver, et vous savez pourquoi. La chaleur est absolument nécessaire aux plantes pour qu'elles puissent germer et se développer : c'est

1. *Thermomètre.* Ce mot est composé de deux parties : *thermo*, qui désigne la chaleur, et *mètre*, qui signifie mesure; de sorte que thermomètre veut dire : qui mesure la chaleur.
2. *Apprécier* signifie connaître.
3. *Alcool.* C'est ce qu'on nomme de l'eau-de-vie.

la chaleur du soleil qui fait mûrir les récoltes. Vous connaissez maintenant les trois conditions essentielles pour qu'une graine germe et se développe : l'air, l'eau et la chaleur.

11. — Le thermomètre est utile en agriculture : il indique aux cultivateurs la température des serres, des celliers, des caves, des écuries, etc.

## III. — Ses applications à l'hygiène.

### LE CHAUFFAGE

12. — Vous savez à quoi sert le feu; il nous permet de supporter les froids de l'hiver : nous ne pourrions nous en passer, car, s'il venait à disparaître, une partie de la terre serait presque inhabitable, et nous serions misérables. Non seulement nous ne pourrions fabriquer aucun de ces objets en cuivre, en argent, et surtout en fer, qui nous sont indispensables, mais il nous serait impossible de faire cuire nos aliments, et nous n'aurions pas de pain.

13. — Le feu a aussi des inconvénients, que vous connaissez certainement pour les avoir éprouvés; lesquels, Jean? — Il nous brûle les mains. — Oui; il peut occasionner des *brûlures* quelquefois très graves. Si par hasard le feu prenait à vos vêtements, il ne faudrait pas perdre la tête. Au lieu de courir dehors pour chercher du secours, vous devriez vous envelopper promptement avec tout ce qui se trouverait sous votre main : une couverture, ou une nappe, ou une étoffe quelconque.

14. **Le chauffage.** — Pour se chauffer, on emploie différents combustibles ; nommez ceux que vous connaissez, Louis. — Le bois, la houille ou charbon de terre, le coke. — On les brûle dans les cheminées

ou dans les poêles. Les cheminées sont plus hygiéniques, parce qu'elles contribuent à renouveler l'air des chambres, mais elles échauffent peu les appartements. Le poêle, au contraire, produit beaucoup de chaleur, qui se répand dans toute la pièce : c'est pour cela qu'il est très employé dans les pays froids; mais il a l'inconvénient de vicier l'air et de causer parfois, la nuit surtout, des cas d'asphyxie.

15. — Le thermomètre rend des services en hygiène, car il est nécessaire, en hiver, que les appartements et les salles de classe aient une certaine température (entre 12 et 15 degrés), et il n'y a que le thermomètre qui puisse la faire connaître.

## RÉSUMÉ

**I. — 1. La chaleur, qui nous réchauffe, est produite par le soleil ou par le feu. — 2. Elle transforme les solides en liquides, et ceux-ci en gaz. — 3. En outre, elle dilate les corps, c'est-à-dire les fait augmenter de volume. — 4. Le forgeron fait application de la dilatation pour ferrer les roues des voitures. — 5. De même, l'ingénieur pour poser les rails des chemins de fer. — 6. Le bois brûle dans la cheminée en produisant de la flamme : c'est ce qu'on nomme la *combustion*. — 7. Les substances qui brûlent s'appellent des *combustibles*. — 8. Les corps ont une *température* plus ou moins élevée, suivant qu'ils sont plus ou moins chauds. — 9. C'est le *thermomètre* qui permet d'apprécier cette température. Il est formé d'un tube de verre terminé par un réservoir, et contenant du mercure ou de l'alcool. — II. — 10. La chaleur est nécessaire aux végétaux pour qu'ils puissent germer et se développer; la chaleur du soleil fait mûrir les récoltes. — 11. Le thermomètre fait connaître la température des serres, des celliers, des caves, etc. — III. — 12. Le feu est d'une grande utilité : sans lui nous ne pourrions fabriquer aucun objet en fer, ni faire cuire nos aliments. — 13. Il occasionne des brûlures; quand il prend aux vêtements d'une personne, on l'enveloppe avec une étoffe quelconque. — 14. Pour se chauffer, on**

**brûle différents combustibles : bois, houille ou charbon de terre, coke, etc. Les cheminées chauffent moins que les poêles, mais elles sont plus hygiéniques; les poêles peuvent causer des cas d'asphyxie. — 15. Le thermomètre fait connaître la température des appartements et des salles de classe.**

---

# CHAPITRE VII

## I. — LA LUMIÈRE

1. — Vous savez tous que, le matin, dès que le soleil paraît, sa lumière nous éclaire.

2. — Pendant la nuit, si nous voulons voir clair, il faut allumer la chandelle ou la bougie.

3. **Ombre.** — Vous avez dû remarquer que, lorsque le soleil brille, l'*ombre* de votre corps se trouve tantôt devant vous, tantôt derrière : d'où provient cette ombre? De ce que votre corps ne se laissant pas traverser par les rayons de lumière, la partie du sol qui se trouve devant ou derrière vous n'est pas éclairée. Vous allez comprendre cela. Prenez votre crayon (ou votre porte-plume), et tenez-le verticalement tout près de votre main gauche, vous voyez sur celle-ci une espèce de raie noire : c'est l'*ombre* produite par votre crayon sur la partie de votre main qui se trouve en face de lui. Maintenant je place ce morceau de verre auprès de ma main gauche : forme-t-il une *ombre?* Non, n'est-ce pas. Qui sait pourquoi?..... Vous, Henri? — C'est parce qu'on voit les objets à travers le verre. — Oui. En d'autres termes, le verre laisse passer la lumière; il en est de même de l'air et de l'eau : on les nomme, à

cause de cela, des corps *transparents;* les autres, comme le bois, le papier, les pierres, qui ne la laissent pas passer, sont appelés corps *opaques.*

### II. — Ses applications à l'agriculture.

4. — Vous savez qu'au printemps les carottes que l'on a laissées à la cave poussent de petites tiges qui sont blanches au lieu d'être vertes; si je vous demandais pourquoi, vous me répondriez certainement que c'est parce que la cave est obscure, c'est-à-dire n'est pas éclairée. Les plantes, en effet, ont besoin de la lumière du soleil pour se développer.

5. — Mais, chose curieuse, la lumière, qui est si utile à presque toutes les plantes, est nuisible à d'autres. Ainsi, pour que les tubercules de la pomme de terre soient bons à manger, il faut qu'ils se développent sous terre. Si on les laissait exposés à la lumière, ils verdiraient et ne vaudraient plus rien pour notre nourriture.

6. — Savez-vous, Etienne, pourquoi votre père enterre le céleri et lie certaines salades? — C'est pour les faire blanchir afin de les rendre plus tendres. — Oui; c'est en les privant de l'action de la lumière qu'il obtient ce résultat.

### III. — Ses applications à l'hygiène.

#### L'ÉCLAIRAGE

7. — La lumière ne nous est pas moins nécessaire qu'aux végétaux, car elle est très favorable à la santé. Dans les villes, les enfants pauvres, qui habitent des mansardes insuffisamment éclairées par de

petites lucarnes, sont pâles, chétifs, et souvent malades.

8. **Eclairage artificiel.** — La lumière du soleil nous éclaire pendant le jour ; mais, la nuit, nous en sommes privés : c'est pourquoi on est obligé d'employer un éclairage artificiel.

9. **Chandelles de résine.** — On a commencé par se servir de torches formées par des branches d'arbres résineux, comme le sapin ; puis avec la résine on a fait des chandelles, mais elles donnent très peu de lumière.

10. **Chandelles de suif.** — Plus tard, on a fait des chandelles avec le suif, c'est-à-dire la graisse du bœuf et du mouton ; voulez-vous que je vous indique comment on s'y prend pour les fabriquer ? On fait fondre ce suif, on le verse dans des moules ayant la forme de cette chandelle que je vous montre, et renfermant une mèche de coton. Elles ont un inconvénient ; c'est qu'en brûlant elles produisent de mauvaises odeurs et un gaz très dangereux à respirer : c'est pourquoi on les a remplacées par les *bougies*.

11. **Bougies.** — Les bougies sont faites également avec le suif des animaux ; mais ce suif, après avoir été fondu, est purifié, c'est-à-dire débarrassé des matières qui ne sont pas nécessaires à la combustion de la bougie.

12. **Huiles végétales.** — Vous connaissez un autre mode d'éclairage : c'est celui des lampes, dans lesquelles on brûle des huiles végétales provenant des graines du lin, du colza, etc.

13. **Huile minérale : pétrole.** — On emploie davantage une espèce d'huile minérale, le *pétrole*[1], qu'on trouve dans l'intérieur de la terre : elle

1. *Pétrole* signifie : huile de pierre.

coûte moins cher que l'huile végétale, et les lampes à pétrole sont bien plus simples que les autres. Mais ce liquide a un grave inconvénient : il est très inflammable, et par suite très dangereux. Gardez-vous bien d'y toucher : il y a des enfants qui ont été brûlés par le pétrole, quelques-uns même sont morts après d'horribles souffrances.

14. **Gaz d'éclairage.** — Dans les villes, on s'éclaire avec un gaz provenant de la houille, et qu'on appelle *gaz d'éclairage*.

15. **Lumière électrique.** — Enfin, grâce à une très belle invention, on peut employer l'électricité comme mode d'éclairage : c'est le plus hygiénique et le moins dangereux, mais c'est le plus coûteux.

RÉSUMÉ

**I. — 1. C'est la lumière du soleil qui nous éclaire pendant le jour. — 2. Pour voir clair, la nuit, il faut allumer la chandelle ou la bougie. — 3. Lorsqu'un corps empêche la lumière de passer, il forme de l'*ombre :* tels sont les corps *opaques*. Ceux qui se laissent traverser par la lumière sont *transparents*. — II. — 4. Les plantes ont besoin de la lumière du soleil pour se développer. — 5. Les tubercules de la pomme de terre, au contraire, ne vaudraient rien s'ils étaient exposés à la lumière. — 6. En privant de son action les légumes tels que le céleri et certaines salades, on les rend plus tendres et meilleurs. — III. — 7. La lumière est nécessaire à notre santé. — 8. Le soleil ne nous éclaire que pendant le jour; on emploie, la nuit, un éclairage artificiel. — 9. On a commencé par se servir de torches résineuses, puis on a fait des chandelles de résine. — 10. Plus tard, on a fabriqué des chandelles avec le suif des animaux. — 11. En purifiant le suif on a eu des bougies. — 12. On s'éclaire aussi avec des lampes dans lesquelles on brûle des huiles *végétales*. — 13. On se sert également d'une huile *minérale*, le *pétrole*, qui coûte moins cher, mais qui est dangereux. — 14. Dans les villes, on emploie le gaz d'éclairage. — 15. Enfin on a inventé la lumière électrique : c'est le meilleur mode d'éclairage.**

# CHAPITRE VIII

## I. — L'OXYGÈNE

1. — Vous vous souvenez que je vous ai dit que l'oxygène est un gaz très important : il n'a ni couleur, ni saveur, ni odeur.

2. — Qu'y a-t-il dans le petit flacon que je vous montre, Joseph? — Il y a de l'air. — Non; il est plein d'oxygène, que je me suis procuré par un moyen que je vous expliquerai quand vous serez plus avancés. Voyez cette bougie, dont je viens de souffler la flamme et qui ne présente plus qu'un point rouge; si je la plonge dans le flacon, qu'arrivera-t-il? — Elle s'éteindra tout à fait. — Je l'y plonge; ah! elle s'est rallumée vivement, en faisant entendre une petite explosion. Maintenant, j'y place ce morceau de charbon, dont j'ai fait rougir la pointe à la flamme de cette bougie : il brûle rapidement avec une vive clarté. Que concluez-vous de ces deux petites expériences, Léon? — Que l'oxygène fait brûler les corps très vite. — Oui; c'est l'agent principal de la combustion et aussi de la respiration.

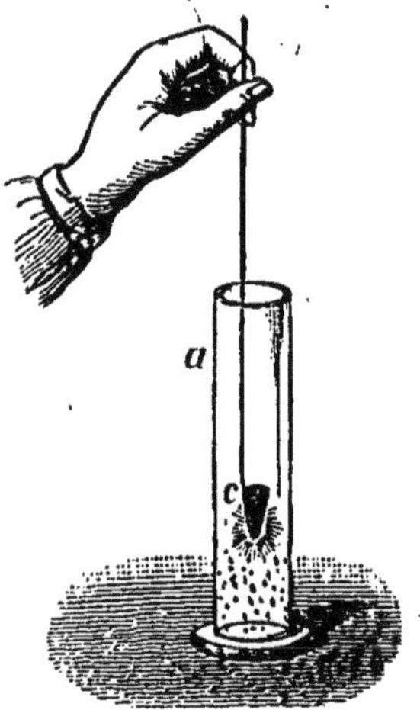


Fig. 13. — Un morceau de charbon rougi au feu brûle avec éclat dans l'oxygène.

### II. — Applications à l'agriculture et à l'hygiène.

3. — L'oxygène est indispensable aux végétaux et aux animaux : sans lui, ils mourraient. Tout ce que nous avons dit sur l'air se rapporte surtout à l'oxygène.

4. — En hygiène, il est aussi très utile : c'est lui qui entretient la vie et nous procure une bonne santé.


RÉSUMÉ

**I. — 1. L'oxygène est un gaz incolore[1], sans saveur ni odeur. — 2. Il fait brûler les corps très vite. — II. — 3. L'oxygène est nécessaire aux végétaux et aux animaux. — 4. Il est aussi très utile à notre santé.**


---

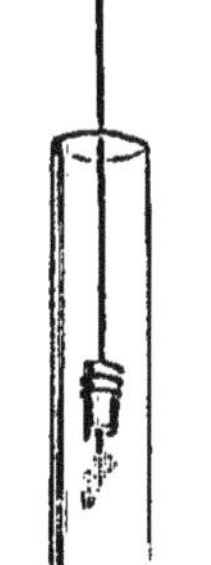

Fig. 14. — Une bougie allumée s'éteint dans l'azote.

## CHAPITRE IX

### I. — L'AZOTE

1. — Ce gaz forme la plus grande partie de l'air que nous respirons; comme l'oxygène, il est incolore, sans saveur ni odeur.

2. — Alors, me direz-vous, comment peut-on les distinguer l'un de l'autre? Vous l'allez voir. Voici un petit flacon plein d'azote ; j'y introduis cette bougie : elle s'est éteinte immédiatement. L'azote est donc tout le contraire de l'oxygène ; au lieu de faire brûler les corps, il les éteint.

---

1. *Incolore* veut dire : qui n'a pas de couleur.

### II. — Ses applications à l'agriculture.

3. — Les plantes ont besoin d'azote pour se développer; elles le prennent dans la terre, qui n'en contient presque jamais assez : c'est pourquoi le cultivateur doit lui en fournir en y mettant du fumier et certains engrais qui en renferment plus ou moins.

### III. — Ses applications à l'hygiène.

4. — L'azote a également de l'importance en hygiène, car il faut que nous en procurions à notre corps au moyen des aliments; ceux qui en contiennent le plus sont : les haricots, les œufs, le lait, la viande, le pain, etc.

RÉSUMÉ

**I. — 1. L'azote forme la plus grande partie de l'air. — 2. Au lieu de faire brûler les corps, il les éteint. — II. — 3. Les plantes le puisent dans la terre. — III. — 4. Il est nécessaire que nous en fournissions à notre corps.**

---

## CHAPITRE X

### I. — LE CARBONE (charbon). L'ACIDE CARBONIQUE

1. — Le carbone est plutôt connu sous le nom de *charbon*. C'est un combustible; en brûlant, il produit de l'acide carbonique.

2. — Les principales sortes de charbon sont : la

*houille*, encore nommée *charbon de terre*, parce qu'on le trouve dans la terre (nous en parlerons plus tard),

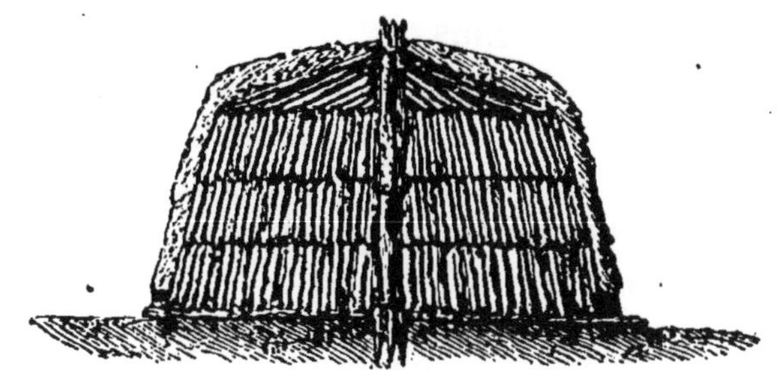

Fig. 15. — Vue intérieure d'une meule.

et le *charbon de bois*, que l'on fait avec des branches d'arbres.

3. — Pour vous faire comprendre ce que c'est que

Fig. 16. — Fabrication du charbon de bois dans les meules recouvertes de terre gazonnée. — Vue extérieure d'une meule.

le charbon de bois, je vais en fabriquer. Je vous ai montré, avant la leçon, le morceau de bois que j'ai mis dans le poêle ; je le retire : vous voyez qu'il n'est pas entièrement brûlé ; il est tout rouge, c'est de la braise. Je le jette dans l'eau ; il est devenu noir : c'est du charbon de bois.

4. — Le charbonnier s'y prend autrement. Il dispose les morceaux de bois les uns au-dessus des autres, comme le montre la figure 15 ; il recouvre la meule d'une couche de terre et de gazon, puis y met le feu. Quand le bois est à moitié brûlé, il éteint le feu et laisse refroidir le tout.

Fig. 17.

5. — Vous connaissez l'acide carbonique ; il est composé de carbone et d'oxygène. C'est un gaz incolore, mais il a une saveur aigrelette et une odeur un peu piquante ; il est plus lourd que l'air. Voici un flacon plein d'acide carbonique ; je le renverse au-dessus de cette bougie allumée : celle-ci s'éteint. Comme vous le voyez, l'acide carbonique arrête la combustion.

## II. — Applications à l'agriculture.

6. — Le carbone se trouve dans les végétaux, ainsi que dans les animaux. Toutes les parties de la plante en contiennent.

7. — Contrairement aux animaux, les végétaux ont besoin d'acide carbonique pour vivre et se développer : ils mourraient dans un air qui n'en contiendrait pas, tandis que nous, nous mourrions s'il y en avait beaucoup.

### III. — Applications à l'hygiène.

8. — Le charbon de bois a la propriété d'enlever la mauvaise odeur de l'eau et des substances alimentaires, que gâtent l'air et la chaleur.

9. — Vous savez que l'acide carbonique est dangereux, puisqu'il peut nous asphyxier; mais lorsqu'il est dissous dans l'eau, comme dans l'*eau de Seltz,* ou dans certaines boissons, telles que le cidre, la bière, etc., il est utile à notre santé.

10. — La fermentation des raisins dans les cuves, au moment des vendanges, produit beaucoup d'acide carbonique; c'est pourquoi il faut toujours avoir à la main une bougie allumée quand on pénètre dans une cave ou dans un cellier, car, s'il y a de l'acide carbonique, vous savez ce qui arrivera : la bougie s'éteindra.

#### RÉSUMÉ

**I. — 1. Le carbone est plutôt connu sous le nom de *charbon.* — 2. Les principales sortes de charbon sont: la *houille* ou *charbon de terre* et le *charbon de bois.* — 3. Un morceau de braise rouge, jeté dans l'eau, devient du charbon de bois. — 4. Le charbonnier place les morceaux de bois les uns au-dessus des autres; quand ils sont à moitié brûlés, il éteint le feu. — 5. L'acide carbonique est un gaz incolore, mais il a une saveur aigrelette et une odeur un peu piquante. — II. — 6. Le carbone se trouve dans les végétaux et dans les animaux. — 7. L'acide carbonique est indispensable aux plantes. — III. — 8. Le charbon de bois fait disparaître les mauvaises odeurs. — 9. L'acide carbonique est favorable à la santé dans l'eau de Seltz, ainsi que dans le cidre et la bière. — 10. La fermentation des raisins produit beaucoup d'acide carbonique.**

# CHAPITRE XI

## I. — LE SOUFRE

1. — Voici un bâton jaune et une poudre de même couleur : c'est le même corps, c'est du *soufre*.

2. — Il possède une singulière propriété, que vous allez constater vous-mêmes. Je mouille cette violette et je la place au-dessus d'une pincée de soufre en poudre que j'enflamme ; que remarquez-vous, Eugène? — La violette a changé de couleur, elle est devenue toute blanche. — Oui; le soufre, en brûlant, enlève la couleur.

Fig. 18. — L'acide sulfureux décolore une violette.

3. — Connaissez-vous des objets fabriqués avec du soufre? — Les allumettes. — En voici une; vous voyez que le bout est jaune : c'est du soufre. Si je l'enflamme au-dessous d'une violette, celle-ci sera également décolorée.

## II. — Ses applications à l'agriculture.

4. — Vincent, qui a beaucoup de treilles dans son jardin, va nous dire à quoi sert le soufre. — Au printemps, papa répand, avec un soufflet, du soufre en

poudre sur les feuilles de la vigne, le matin, de bonne heure ; il m'a dit que c'était pour préserver la vigne d'une maladie appelée *oïdium*. — Parfaitement.

### III. — Ses applications à l'hygiène.

5. — Le soufre rend de grands services en hygiène. D'abord, il sert à guérir une vilaine maladie, la *gale;* mais on l'emploie surtout, en le faisant brûler, pour désinfecter les vêtements des malades atteints de maladies contagieuses et enlever les taches de vin ou de fruits sur le linge. Enfin, c'est en faisant brûler du soufre en poudre dans le foyer, dont on a bouché l'ouverture, qu'on éteint un feu de cheminée.

RÉSUMÉ

**I. — 1. Le soufre est un corps solide, de couleur jaune. — 2. En brûlant, il enlève la couleur. — 3. Il entre dans la fabrication des allumettes. — II. — 4. Le soufre préserve la vigne de l'*oïdium*. — III. — 5. Il guérit la *gale;* en brûlant, il désinfecte les vêtements, enlève les taches de vin ou de fruits, et éteint un feu de cheminée.**

---

## CHAPITRE XII

### I. — LA CHAUX. LE SEL

**1. La chaux.** — Qu'est-ce que cette pierre blanche, Henri? — C'est de la *chaux*. — Oui ; je la place sur une assiette. Si je vous disais que je vais rendre cette pierre très chaude, presque brûlante, sans la mettre auprès du feu, mais simplement en versant de l'eau froide dessus, vous ne voudriez peut-être pas me croire. Eh bien! regardez; je verse un peu d'eau, vous voyez une espèce de fumée : c'est de la vapeur d'eau. Mettez votre doigt sur la chaux; vous constatez qu'elle est chaude et que ce que je vous ai dit est vrai.

2. — Nous avons vu que les maçons s'en servent pour faire du mortier; pour cela, ils la mélangent avec le sable. Je verse encore de l'eau sur cette chaux : j'obtiens une pâte grasse, semblable à celle que l'on emploie pour la fabrication du mortier.

3. **Le sel.** — Vous connaissez tous ce que je vous

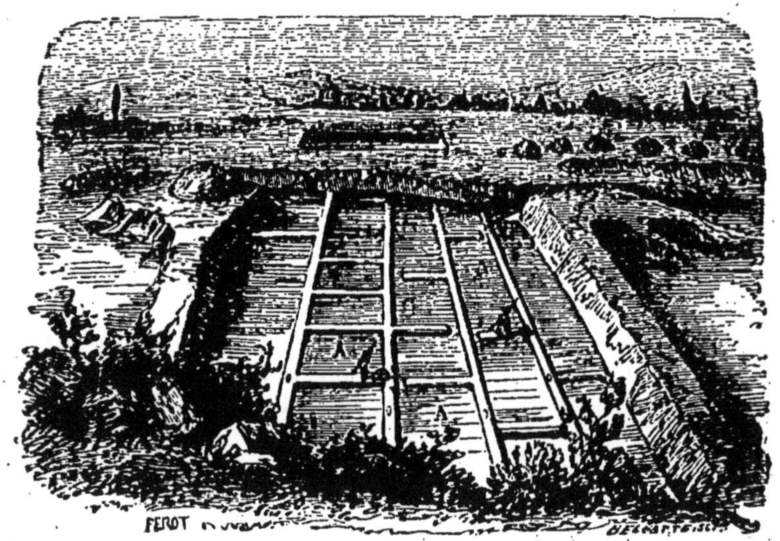

Fig. 19. — Marais salants.

montre : c'est du *sel*. Vous savez qu'il est blanc et qu'il a une saveur particulière. Vous avez remarqué que j'en ai fait dissoudre, hier matin, une certaine quantité dans un peu d'eau; j'ai mis cette eau dans une assiette que j'ai placée sur l'appui de la fenêtre, en dehors. Allez la chercher, Louis... Tiens, ce n'est plus de l'eau qu'il y a, c'est du sel. L'eau, qui est liquide, s'est évaporée; mais le sel, qui est solide, est resté dans l'assiette. Dites-moi, l'eau de mer est-elle sucrée? — Non, Monsieur; elle est salée. — Alors elle contient du sel, qu'on pourrait obtenir en la faisant évaporer. C'est en effet de cette manière qu'on se procure la plus grande partie du sel que nous consommons. On fait venir l'eau de la mer dans les *marais salants,* sortes de bassins peu profonds établis sur les bords de l'Océan et de la Méditerranée. La chaleur du soleil fait évaporer cette eau; alors le sel se dépose au fond des bassins : c'est le *sel marin*[1].

### II. — Applications à l'agriculture.

4. — Vous avez peut-être vu, en automne, les cultivateurs déposer dans les champs de petits tas de chaux, qu'ils recouvrent de terre et qu'ils mélangent ensuite avec le sol par le labour. Vous ne savez pas pourquoi : c'est que la chaux est nécessaire aux végétaux, et, comme il n'y en a pas dans toutes les terres, on est obligé d'en donner à celles qui n'en contiennent point.

5. — Le sel est également utile en agriculture, non seulement pour certaines plantes (comme celles qui croissent dans les prairies), mais aussi pour les bestiaux, qui aiment le sel comme vous aimez le sucre.

### III. — Applications à l'hygiène.

6. — Vous avez remarqué qu'en été je répands dans les lieux d'aisances, pour éviter une odeur

---

1. *Marin* signifie : qui appartient à la mer.

désagréable, une espèce de poudre blanche ressemblant à de la chaux : c'est en effet de la chaux, qu'on a mélangée avec le chlore (qui est un désinfectant), pour former du *chlorure de chaux*.

7. — Quant au sel, vous en connaissez les usages ; vous savez combien il est utile pour assaisonner les aliments qui, sans lui, seraient fades et plus difficiles à digérer. En outre, il sert à conserver les morues, les sardines, les jambons, etc.

RÉSUMÉ

**I. — 1. La chaux est un corps blanc, que l'eau échauffe. — 2. Les maçons la mélangent avec le sable pour faire du mortier. — 3. On obtient le sel en faisant évaporer l'eau de mer dans les *marais salants*. — II. — 4. La chaux est nécessaire aux végétaux. — 5. Le sel est utile à certaines plantes et aux bestiaux. — III. — 6. Le chlorure de chaux fait disparaître les mauvaises odeurs. — 7. Le sel est indispensable pour assaisonner nos aliments et conserver les morues, les sardines, les jambons, etc.**

# HISTOIRE NATURELLE

## DEUXIÈME PARTIE

## L'HOMME. LES ANIMAUX

### CHAPITRE PREMIER

#### I. — L'HOMME

1. — Tout ce que nous avons étudié jusqu'ici se rapporte aux *sciences physiques*, comprenant la *physique* et la *chimie;* nous allons nous occuper maintenant des *sciences naturelles*, ou *histoire naturelle*.

2. — Comme son nom l'indique, l'histoire *naturelle* est l'histoire de tous les êtres qui existent dans la *nature;* il y en a, vous le savez, trois grandes catégories : les *animaux*, les *végétaux* et les *minéraux*.

3. **Description du corps de l'homme.** — On distingue dans le corps humain la *tête*, le *tronc* et les *membres*. L'ensemble des os forme le *squelette*.

4. **La tête.** — Vous savez que les oreilles, les

yeux, le nez et la bouche se trouvent dans la partie de la tête nommée la *figure*, ou le *visage*, ou encore la *face*; l'autre partie, c'est le *crâne*, qui renferme un organe très important : le *cerveau*.

5. **Le tronc.** — Passez votre main le long de votre dos, vous sentez, au milieu, des os : ce sont les *vertèbres*, dont l'ensemble forme la *colonne vertébrale* ou *épine dorsale*[1]. Appuyez vos doigts sur votre poitrine, vous sentez des os plats : ce sont les *côtes*. Dans la poitrine sont placés le *cœur* et les *poumons*.

6. **Les membres.** — Nous avons deux *bras* et deux *jambes* : ce sont nos *membres*. Vous savez que le bras commence à l'*épaule*; il se continue, à partir du coude, par l'*avant-bras* et se termine par la *main*, composée de cinq *doigts*.

7. — La *jambe* présente la même disposition : elle part de la *hanche*, se continue par la *cuisse* jusqu'au genou et se termine par le *pied*, qui a aussi cinq *doigts*.

8. **Les muscles.** — Les mouvements que nous faisons sont exécutés par les os, avec l'aide des *muscles*. Avec votre main droite, serrez votre bras gauche au-dessus du coude; vous sentez de la chair : c'est un muscle.

9. **Le cerveau et les nerfs.** — Il vous est bien arrivé quelquefois de vous piquer le doigt avec votre plume ou avec une épingle; vous avez éprouvé une impression ou *sensation* de douleur : c'est que la plume ou l'épingle ont piqué un nerf, qui a communiqué au cerveau l'impression reçue par votre doigt.

10. **Les organes des sens.** — Nous *regar-*

---

1. *Dorsal*, qui appartient au dos.

*dons*, vous le savez, avec? — Les *yeux*. — Nous *entendons* avec? — Les *oreilles*. — Nous *sentons* les *odeurs* avec? — Le *nez*. — Nous apprécions le *goût* des aliments avec? — La *langue*. — Nous *touchons* les objets avec? — La *main*. — C'est cela. Nous avons cinq *sens*, avec lesquels nous pouvons, au moyen d'organes spéciaux, nous rendre compte de ce qui se passe autour de nous; ce sont : la *vue*, l'*ouïe*, l'*odorat*, le *goût* et le *toucher*.

11. — La vue a pour organes les *yeux*; l'ouïe, les *oreilles*; l'odorat, le *nez*; le goût, la *langue*; enfin le toucher, la *main*.

## II. — **Applications à l'hygiène.**

12. — L'œil est un organe très délicat; c'est pourquoi il faut prendre garde de le fatiguer. Ainsi, vous ne devez jamais lire lorsque vous ne voyez pas bien clair; évitez également une lumière trop vive.

13. — Je vous ai déjà dit quels sont les soins de propreté que vous avez à prendre; vous devez, en particulier, vous laver les oreilles tous les matins et ôter, assez souvent, la matière jaunâtre qui se trouve à l'intérieur : mais ne vous servez jamais, pour cela, d'une allumette, car elle pourrait s'enflammer dans votre oreille et vous faire mourir.

14. — Je connais certains enfants, et vous en connaissez aussi, qui ont la mauvaise habitude de se mettre les doigts dans le nez; je n'ai pas besoin de vous dire que ce n'est pas propre : de plus, c'est dangereux, car il en résulte une espèce de mal presque impossible à guérir. Il y en a d'autres qui s'introduisent dans le nez ou dans les oreilles des pois, des haricots, des noyaux de cerises, etc. : ils ont également grand tort, car cela peut causer des accidents très graves.

### RÉSUMÉ

I. — 1. L'étude des sciences se divise en deux parties : celle des *sciences physiques*, comprenant la *physique* et la *chimie*, et celle des *sciences naturelles*, ou *histoire naturelle*. — 2. L'histoire naturelle est l'histoire de tous les êtres existant dans la nature; ils forment trois grandes catégories : les *animaux*, les *végétaux* et les *minéraux*. — 3. On distingue dans le corps humain : la *tête*, le *tronc* et les *membres*. L'ensemble des os forme le *squelette*. — 4. Il y a deux parties dans la tête : la *figure* et le *crâne*. — 5. Le tronc comprend la *colonne vertébrale* et les *côtes*. — 6. Nos *bras* et nos *jambes* forment nos *membres*. — 7. La jambe a la même disposition que le bras. — 8. C'est avec les *muscles* que nous exécutons les mouvements. — 9. Les *nerfs* transmettent au *cerveau* les sensations qu'ils éprouvent. — 10. Nous avons cinq *sens* : la *vue*, l'*ouïe*, l'*odorat*, le *goût* et le *toucher*. — 11. Les organes des sens sont : les *yeux*, les *oreilles*, le *nez*, la *langue* et la *main*. — II. — 12. L'œil est très sensible, il faut éviter de le fatiguer. — 13. Nous devons nous laver les oreilles tous les jours. — 14. Il est malpropre et dangereux de se mettre les doigts dans le nez; on ne doit pas y introduire, non plus que dans les oreilles, des pois, des haricots, ou des noyaux de cerises.

---

# CHAPITRE II

## I. — L'HOMME (*suite*).

### FONCTIONS DE NUTRITION

1. — Vous ne pourriez pas rester longtemps sans manger, et encore bien moins longtemps sans respirer; notre corps a donc certaines fonctions à remplir,

dont les principales sont : la *respiration*, la *circulation* et la *digestion*. On les appelle *fonctions de nutrition*, parce qu'elles entretiennent la vie.

**2. La respiration.** — Sans même nous en rendre compte, nous éprouvons à chaque instant le besoin de *respirer*, c'est-à-dire d'*aspirer* de l'air que nous faisons entrer dans nos poumons, puis de l'*expirer*, c'est-à-dire de le faire sortir. Les poumons sont les principaux organes de la respiration; ils sont placés dans la poitrine, l'un à droite, l'autre à gauche. Vous voyez à droite de la gravure le poumon en entier, et à gauche, les bronches : ce sont des espèces de tubes en forme de rameaux par lesquels l'air pénètre dans les poumons.

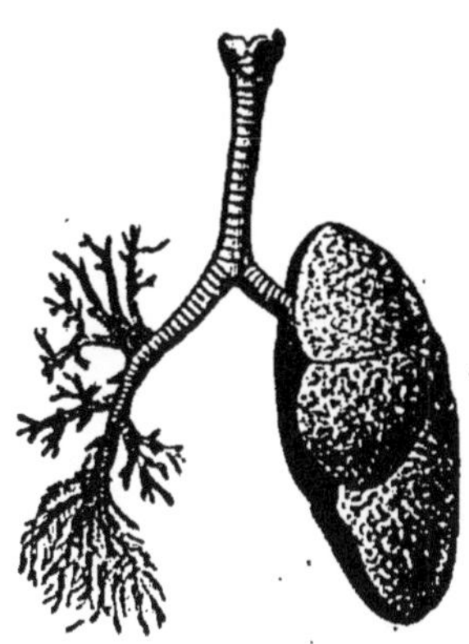

Fig. 20. — Les poumons.

**3. La circulation.** — C'est le cœur qui est le principal organe de la circulation; il est aussi placé dans la poitrine, entre les deux poumons. Le sang part du cœur et *circule*, c'est-à-dire se répand dans toutes les parties de notre corps, où il est conduit par des espèces de tuyaux ou *vaisseaux* nommés les *artères*; ensuite il est ramené au cœur par d'autres vaisseaux qu'on appelle les *veines*.

**4. La digestion.** — Pour vivre, vous le savez, il faut manger. Les aliments que nous introduisons dans notre bouche descendent dans l'*estomac*, qui est le principal organe de la *digestion*; là ils sont *digérés*, c'est-à-dire transformés en une espèce de bouillie : celle-ci, en passant dans les *intestins*, se change en un liquide qui se mélange avec le sang pour nourrir nos organes.

## II. — Applications à l'hygiène.

5. — Je vous ai dit combien il est important que vous respiriez toujours de l'air pur, et en grande quan-

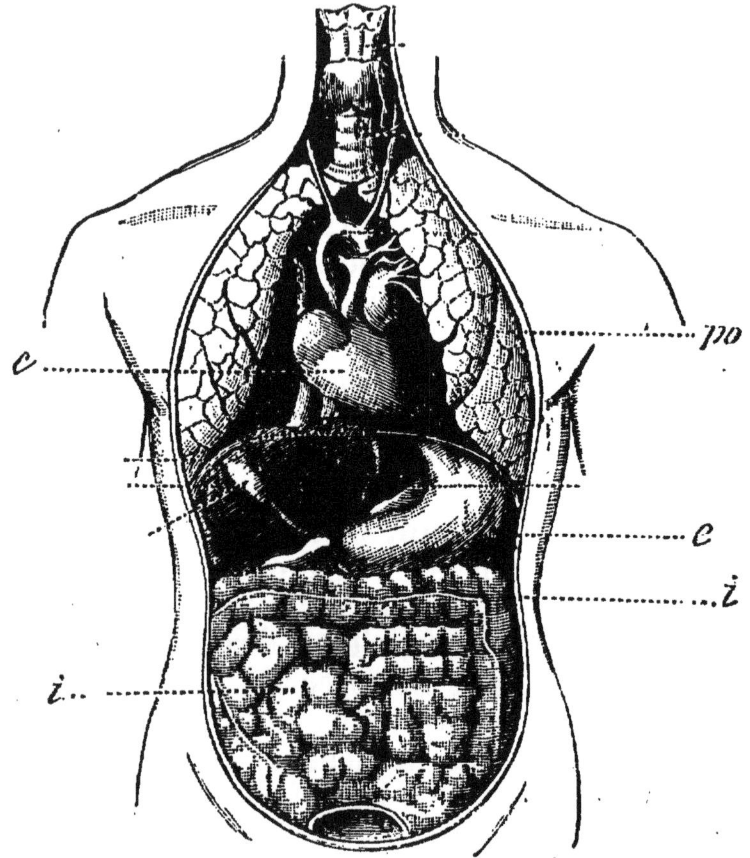


Fig. 21. — Organes de la nutrition. — *Respiration : po*, poumons. — *Circulation : c*, cœur. — *Digestion : e*, estomac ; *i*, intestins.

tité ; pour cela, vous devez chercher à développer votre poitrine, c'est-à-dire à l'agrandir, par les jeux et surtout par la gymnastique.

6. — Il vous arrive quelquefois de saigner du nez ;

cela n'a pas d'inconvénient, au contraire, à moins que vous n'ayez une santé délicate : dans ce cas, on rafraîchit le front et les narines[1] avec un mouchoir imbibé d'eau froide.

7. — J'ai déjà grondé plusieurs d'entre vous qui se dépêchent de manger pour revenir plus tôt jouer dans la cour; ceux-là ne savent pas qu'il est dangereux de manger trop vite, c'est-à-dire d'avaler les aliments avant qu'ils soient réduits en pâte dans la bouche : cela oblige l'estomac à travailler davantage, et il en résulte des maladies qui font beaucoup souffrir.

8. — Il est aussi arrivé à quelques-uns d'entre vous, que je ne veux pas nommer, d'avoir une *indigestion*, parce qu'ils avaient croqué trop de gâteaux. Gardez-vous aussi de manger des fruits verts, qui occasionnent des *coliques*.

### RÉSUMÉ

**I. — 1. Les principales fonctions du corps sont : la *respiration*, la *circulation* et la *digestion*. — 2. Nous respirons surtout au moyen de nos deux *poumons*. — 3. Le principal organe de la circulation est le *cœur*. — 4. Nos aliments sont digérés dans l'*estomac*. — II. — 5. Les enfants doivent développer leur poitrine par les jeux et la gymnastique. — 6. On arrête le saignement de nez avec de l'eau froide. — 7. On se rend malade en mangeant trop vite. — 8. Quand on mange trop, on a une *indigestion*. Les fruits verts donnent la *colique*.**

---

1. *Narines*. Ce sont les deux ouvertures du nez.

# CHAPITRE III

## I. — LES ALIMENTS. LES BOISSONS FERMENTÉES

### CONSERVATION DES MATIÈRES ALIMENTAIRES.

1. **Aliments.** — Si je vous invitais à énumérer les *aliments* qui servent à notre nourriture, vous ne seriez pas embarrassés; mais, si je vous demandais quels sont les plus nourrissants, vous n'en sauriez rien : remarquez que je ne dis pas ceux que vous trouvez les meilleurs, c'est-à-dire les gâteaux, car ce sont précisément les plus mauvais pour l'estomac. Vous êtes étonnés de cela; vous le serez encore davantage quand je vous aurai fait connaître quel est l'aliment le plus nourrissant, car vous vous figurez que c'est le plus cher, ou le plus agréable à manger, comme le poulet rôti, par exemple. Pas du tout : ce sont les vulgaires *haricots*; puis les *œufs*, le *lait*, la *viande*, le *fromage* et enfin le *pain*.

2. **Boissons.** — Nous avons dit, vous devez vous en souvenir, que la meilleure boisson, c'est l'eau. Mais nous ne buvons pas que de l'eau; quelles sont les autres boissons que vous connaissez, Alexandre? — Le vin, le cidre, la bière. — On les appelle des boissons *fermentées*, ou encore *alcooliques* (parce qu'elles contiennent de l'*alcool* ou *eau-de-vie*).

3. **Le vin.** — L'année dernière, vous êtes allé, Jules, faire les vendanges chez votre oncle, en Tou-

raine; vous devez savoir comment on obtient le vin : racontez-nous ce que vous avez fait et ce que vous avez vu. — Nous avons cueilli les raisins, qui étaient très sucrés; puis un homme les a transportés dans les barriques placées sur une charrette et les a foulés pour les écraser. Lorsque les barriques ont été pleines, on les a emmenées et on a versé les raisins dans une grande cuve. Au bout de quelques jours ils se sont mis à bouillir dans la cuve, comme s'il y avait eu du feu dessous, et le jus, qui était très doux, ne l'était plus du tout quand on a tiré le vin pour le mettre dans les tonneaux. — Savez-vous pourquoi? — Je l'ai demandé à mon oncle; il m'a dit que c'était la fermentation qui avait changé le sucre du raisin en alcool. — C'est cela.

4. **Le cidre.** — Et le cidre, qui va nous dire comment on le fait?... Voyons, Jacques, vous savez cela, vous qui avez habité la Normandie. — Les pommes sont d'abord écrasées; ensuite on les porte au pressoir, qui en fait sortir le jus: c'est le cidre, qui est doux et que l'on met immédiatement dans les tonneaux, où il fermente. — Oui, et la fermentation change également le sucre des pommes en alcool.

5. **La bière.** — Je vais vous expliquer, en quelques mots, comment on fabrique la bière. D'abord, avec quoi est-elle faite, Edmond? — Avec de l'orge et du houblon. — Il faut ajouter : et avec de l'eau. On commence par faire *germer* les grains d'orge en les mouillant : cela veut dire que le *germe* contenu dans chaque grain sort et se développe. Après les avoir fait sécher, on enlève les germes; ensuite les grains sont broyés, puis *brassés*[1] dans des cuves avec de l'eau chaude pour que la fécule de l'orge se trans-

1. *Brassé* veut dire : remué, agité.

forme en sucre. On ajoute au jus une certaine quantité de houblon, et, quand le liquide est refroidi, on y délaie un peu de *levure de bière*[1] : alors la fermentation change le sucre en alcool, et l'on a de la bière.

6. **Conservation des aliments.** — Vous savez que la viande et le poisson, principalement, se gâtent rapidement, surtout en été. Pour éviter cet inconvénient, il faut les préserver du contact de l'air, au moyen de différents procédés. Vous avez peut-être remarqué, chez les épiciers, des boîtes en fer-blanc complètement fermées ; ce sont des conserves de homard ou de poissons : thon, saumon, sardines, etc., ainsi que de légumes, tels que petits pois, haricots, asperges, etc.

7. **Conservation des œufs.** — Il est très important de savoir conserver les œufs, car en hiver ils coûtent très cher. Le procédé le plus simple, et peut-être le meilleur, consiste à les déposer dans un petit baril contenant un lait de chaux assez épais (1 kilogramme de chaux dissous dans une dizaine de litres d'eau). On peut ne les y laisser que quelques jours et les conserver dans du son ou de la cendre. Il faut les mettre dans un endroit sec, où la température ne soit pas inférieure à 6 ou 7°, car la gelée les fait gâter.

## II. — Applications à l'hygiène.

### ABUS DES BOISSONS ALCOOLIQUES ET DU TABAC.

8. — Vous avez vu quelquefois des hommes *ivres*, marchant de travers, et tombant dans la rue : c'étaient

1. *Levure de bière.* C'est une espèce d'écume qui se forme à la surface de la bière pendant la fermentation.

des *ivrognes,* qui avaient bu trop de vin ou d'eau-de-vie. Peut-être même vous êtes-vous moqués d'eux, ce qui n'est pas gentil. Rappelez-vous, mes enfants, que l'*ivrognerie* est l'une des passions les plus dégradantes et les plus funestes, car elle fait perdre à l'homme sa raison, et le fait descendre au niveau des bêtes brutes : aussi gardez-vous bien de prendre l'habitude de boire de l'eau-de-vie ou des liqueurs fortes.

9. — Une autre habitude que vous ne devez pas prendre non plus, c'est celle de fumer : d'abord, c'est très mauvais, cela donne mal au cœur, et puis, il faut que vous le sachiez, si vous fumiez étant jeunes vous deviendriez paresseux ou idiots, parce que le tabac renferme un poison terrible, la *nicotine,* dont une goutte suffit pour tuer un chien.

## RÉSUMÉ

**I. — 1. Les aliments les plus nourrissants sont : les haricots, les œufs, le lait, la viande, le fromage et le pain. — 2. La meilleure boisson est l'eau; nous avons aussi des boissons fermentées, telles que le vin, le cidre et la bière. — 3. Le vin se fait avec des raisins. — 4. C'est avec les pommes qu'on obtient le cidre. — 5. On fabrique la bière avec de l'orge, du houblon et de l'eau. — 6. Pour conserver les aliments, il faut les préserver du contact de l'air. — 7. On conserve les œufs en les plongeant dans un lait de chaux. — II. — 8. Ceux qui boivent trop de vin ou d'eau-de-vie sont des ivrognes; ils s'abrutissent, c'est-à-dire deviennent semblables aux animaux. — 9. Les enfants qui fument s'exposent à devenir des paresseux ou des idiots.**

# CHAPITRE IV

## I. — LES ANIMAUX

1. — Vous connaissez tous un chat, une mouche, un limaçon et une éponge. Ces quatre animaux sont bien différents les uns des autres ; ils représentent les quatre grandes catégories d'animaux connus. Ce sont : les *vertébrés*, les *annelés*, les *mollusques* et les *rayonnés*. Ces trois dernières sont souvent réunies sous le nom d'*invertébrés*.

2. — Les *vertébrés* sont ainsi appelés parce qu'ils ont une colonne *vertébrale;* les *annelés*, parce que leur corps est formé d'*anneaux;* les *mollusques*, parce que leur corps est *mou;* et les *rayonnés*, à cause de la forme de leur corps, dont les différentes parties ressemblent à des *rayons*.

### LES VERTÉBRÉS

3. — Ils sont divisés en cinq classes : les *mammifères*, les *oiseaux*, les *reptiles*, les *batraciens* et les *poissons*.

4. **1° Les mammifères.** — Ils comprennent tous les animaux qui ont des *mamelles*. Outre les *singes*, qui sont les êtres ressemblant le plus à l'homme, on distingue, parmi les mammifères, les *carnivores* et les *herbivores*.

5. — Comme leur nom l'indique, les *carnivores*, ou *carnassiers*, dévorent la chair des autres animaux;

tels sont : le lion (surnommé le roi des animaux), le tigre, l'ours, le loup, le renard, le chien, le chat.

Fig. 22. — Le singe.

Fig. 23. — Le lion.

Fig. 24. — L'ours.

6. — Parmi les *herbivores* (c'est-à-dire les mangeurs d'*herbe*), les uns sont nuisibles, comme le

Fig. 25. — Le loup.

Fig. 26. — Le renard.

lièvre, le lapin, le rat, la souris, qu'on nomme des *rongeurs*, parce que leurs dents sont disposées de

Fig. 27. — Le chat.

Fig. 28. — Le lièvre.

Fig. 29. — Le lapin.

manière à pouvoir *ronger* les plantes et les fruits;

les autres sont utiles, comme le bœuf, la vache, le

Fig. 30. — Le rat.

Fig. 31. — La souris.

Fig. 32. — Le bœuf.

mouton, la chèvre, le cheval, l'âne et le porc.

Fig. 33. — La vache.

Fig. 34. — Le cheval.

Fig. 35. — L'âne.

Fig. 36. — Le porc.

Fig. 37. — Le mouton.

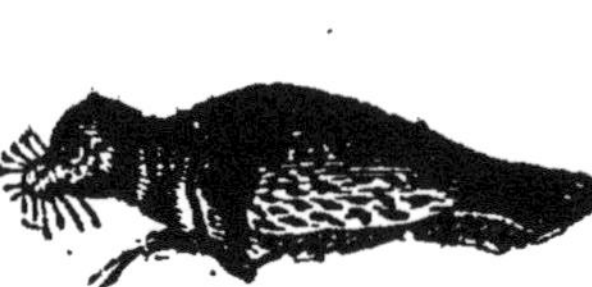
Fig. 38. — Le phoque.

Fig. 39. — La baleine.

7. — D'autres mammifères habitent la mer, tels

que le phoque, la baleine (le plus grand de tous les animaux) : ce sont les mammifères *marins* ou *aquatiques*.

8. 2° **Les oiseaux.** — Ils ont le corps couvert

Fig. 40. — L'aigle.

Fig. 41. — L'épervier.

Fig. 42. — Le hibou.

Fig. 43. — Le coq et la poule.

Fig. 44. Le dindon.

Fig. 45. — La pintade.

Fig. 46. — La perdrix.

de plumes, deux pattes, deux ailes, et leur tête est terminée par un bec; ils pondent des œufs.

9. — Parmi les oiseaux, on distingue les *oiseaux de proie*, tels que l'aigle, l'épervier, le hibou, la chouette et le chat-huant; et les *oiseaux domestiques*,

Fig. 47. — Le faisan.

Fig. 48. — Le paon.

comme le coq, la poule, le dindon, la pintade, le pigeon, la perdrix, le faisan, le paon, le canard et l'oie. Enfin, il en est qu'on ne saurait oublier et que vous connaissez bien : ce sont les *petits oiseaux utiles à l'agriculture*, depuis le roitelet et la mésange jusqu'à l'hirondelle.

Fig. 49. — Le canard et l'oie.

Fig. 50. — Le roitelet.

Fig. 51. — La mésange.

Fig. 52. — L'hirondelle.

10. **3° Les reptiles**[1]. — Ils sont ainsi appelés

1. *Reptile* veut dire : qui rampe.

parce qu'ils rampent ; ils ont le corps nu, ou garni

Fig. 53. — La tortue.

Fig. 54. — Le lézard.

Fig. 55. — Le crocodile.

de sortes d'écailles qui se détachent difficilement de la peau. Tels sont : la tortue, le lézard, le crocodile et les serpents, qui se divisent en serpents *venimeux*, comme la vipère, et en serpents *non venimeux*, comme la couleuvre.

Fig. 56. — La vipère.

Fig. 57. — La couleuvre.

11. **4° Les batraciens**[1]. — Vous connaissez

Fig. 58. — La grenouille.

Fig. 59. — Le crapaud.

Fig. 60. — Le têtard.

tous la grenouille et le crapaud ; ce sont des batraciens très utiles. Ces animaux subissent des chan-

1. *Batracien* vient d'un mot grec signifiant *grenouille*.

gements curieux appelés *métamorphoses :* de leurs œufs sortent de petits animaux ayant une grosse tête (d'où leur nom de *têtards*) et une queue; puis la queue diminue et les quatre pattes apparaissent.

**12. 5° Les poissons.** — Comme vous le savez,

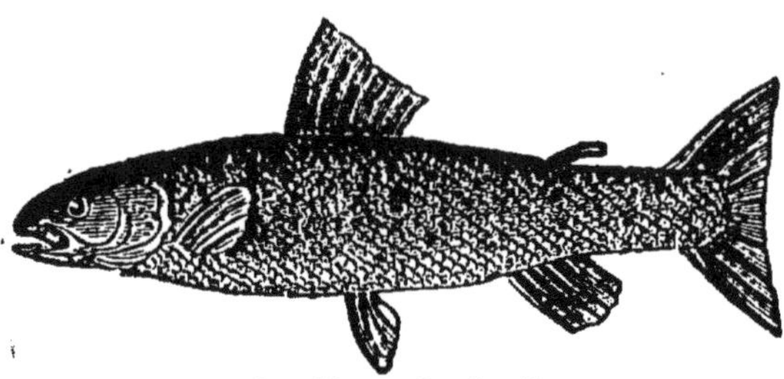

Fig. 61. — La truite.

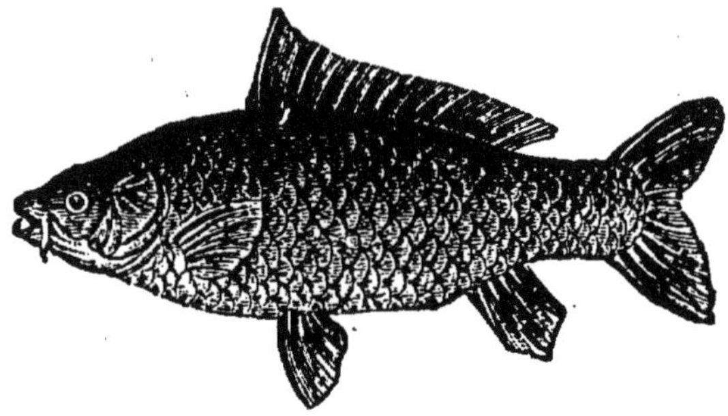

Fig. 62. — La carpe.

Fig. 63. — Le brochet.

Fig. 64. — L'anguille.

Fig. 65. — La sardine.

ce sont des animaux qui vivent dans l'eau et dont la

peau est couverte d'écailles que l'on peut enlever aisément; ils ont des nageoires. Ils comprennent les *poissons d'eau douce*, tels que la truite, la carpe, le brochet, l'anguille, et les *poissons de mer*, dont les

Fig. 66. — Le hareng.

Fig. 67. — La morue.

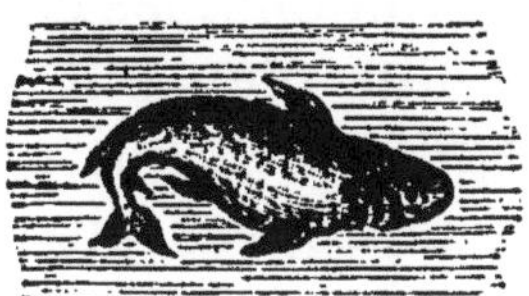
Fig. 68. — Le requin.

plus connus sont : la sardine, le hareng, la morue, le requin, etc.

### LES ANNELÉS

13. — Les principaux annelés sont les *insectes*, qui subissent, comme la grenouille, des métamorphoses. Vous connaissez la vilaine chenille, que vous écrasez avec dégoût, et le joli papillon, que vous

Fig. 69. — La chenille.

Fig. 70. — Le papillon.

admirez, brillant des plus vives couleurs; si je vous disais que c'est l'affreuse chenille qui est devenue ce beau papillon, vous ne voudriez peut-être pas me croire, et cependant c'est vrai. Le papillon pond des œufs tout petits, pas plus gros qu'une tête d'épingle; de chaque œuf sort une chenille qui, après avoir dévoré les légumes et les feuilles des arbres, s'enferme dans une espèce de *cocon*, où elle se change en *chrysalide*. Celle-ci, au bout de quelque temps, est transformée en papillon, qui sort de sa prison et s'envole joyeusement dans l'air.

Fig. 71. — L'abeille.

La plupart des insectes ont des ailes. Tels sont : les abeilles, les mouches, les papillons, les hannetons, etc.; quelques-uns n'en ont pas, comme les poux, parasites[1] dégoûtants, qui vivent sur les enfants malpropres. Jean, avez-vous déjà compté les pattes d'une mouche? — Monsieur, elle en a six. — Oui : il en est ainsi de tous les insectes, et c'est à cela qu'on les reconnaît.

Fig. 72.— Le hanneton.

## LES MOLLUSQUES ET LES RAYONNÉS

14. — Ce sont les animaux les moins intéressants. Parmi les mollusques, je ne vous citerai que l'huître

Fig. 73. — L'huître.

Fig. 74. — La moule.

et la moule, qui sont utiles parce qu'elles servent à

Fig. 75. — La limace.

Fig. 76. — Le limaçon.

notre nourriture; puis la limace et le limaçon : sont-

1. *Parasite* veut dire : qui vit aux dépens des autres.

ils utiles, Ernest? — Oh! non, car ils dévorent les légumes dans les jardins, surtout les salades. — Enfin, parmi les derniers animaux, chez les rayonnés, on distingue l'oursin, le polypier (corail) et l'éponge : vous ne vous doutiez probablement pas que les éponges dont nous nous servons étaient autrefois des animaux.

Fig. 77. L'oursin. Fig. 78. Le polypier (corail).

## II. — Applications à l'agriculture.

### ANIMAUX UTILES. ANIMAUX NUISIBLES

15. — Parmi les animaux, les uns sont les auxiliaires de l'homme, tandis que les autres (qui sont les plus nombreux) sont ses ennemis, parce qu'ils détruisent ses récoltes.

Vous pourriez me citer des animaux utiles et des animaux nuisibles; je vous interrogerai à la prochaine leçon, après que vous aurez étudié les tableaux suivants, qui renferment leurs noms.

### ANIMAUX UTILES

#### Oiseaux.

Fig. 79. — La fauvette.

Fig. 80. — Le rossignol.

Fig. 81. — La bergeronnette.

Fig. 82.
Le rouge-gorge.

Fig. 83.
Le moineau.

Fig. 84.
Le pinson.

Fig. 85.
Le bouvreuil.

Fig. 86.
Le merle.

Fig. 87.
Le sansonnet.

Fig. 88.
Le coucou.

Fig. 89.
L'engoulevent.

Fig. 90.
Le chardonneret.

## ANIMAUX UTILES (*suite*)

### Insectes.

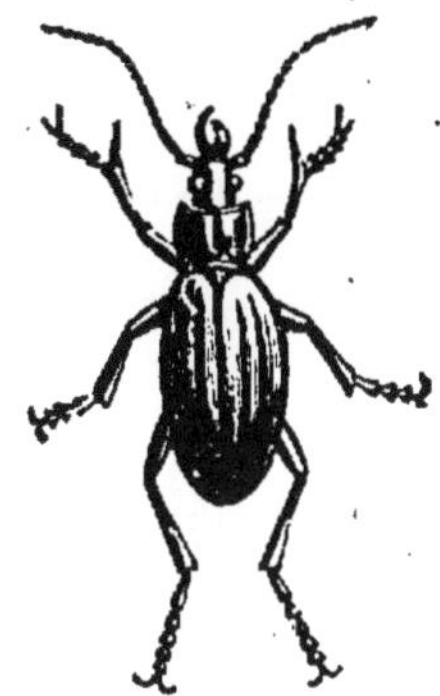

Fig. 91. — Le carabe.

Fig. 92. — Le fourmi-lion.

Fig. 93. — La libellule.

### Autres animaux.

Fig. 94.
La chauve-souris.

Fig. 95.
Le hérisson.

Fig. 96.
La musaraigne.

## ANIMAUX NUISIBLES

### Oiseaux.

Fig. 97. — Le milan.

Fig. 98. — La pie.

Fig. 99. — Le geai.

### Insectes.

Fig. 100. — La courtilière.

Fig. 101. — Le charançon.

Fig. 102. — Le puceron.

### Autres animaux.

Fig. 103.
Le campagnol.

Fig. 104.
La fouine.

Fig. 105.
Le loir.

# TABLEAU DES PRINCIPAUX OISEAUX ET ANIMAUX UTILES

## OISEAUX :

| | |
|---|---|
| Le **hibou**, la **chouette** et le **chat-huant** | détruisent les rats, les souris, les mulots et les campagnols, qui font de grands ravages dans les récoltes. |
| L'**hirondelle**, la **mésange**, la **fauvette**, le **rossignol**, la **bergeronnette** ou **hoche-queue**, la **linotte**, le **roitelet**, le **rouge-gorge**, le **moineau**, le **pinson**, le **bouvreuil**, le **merle**, le **sansonnet** ou **étourneau**, le **coucou**, l'**engoulevent** ou **crapaud-volant**, le **chardonneret**, etc., et, en général, **tous les petits oiseaux** | détruisent les chenilles et une foule d'insectes nuisibles à l'agriculture. |

## INSECTES :

| | |
|---|---|
| Le **carabe** ou **sergent**, le **staphylin**, le **fourmi-lion**, le **ver-luisant**, la **coccinelle** ou **bête au bon Dieu**, la **libellule** ou **demoiselle**, le **grillon** ou **cri-cri** | sont des insectes utiles qui détruisent les pucerons, les fourmis, ainsi que toutes sortes de larves et de petits insectes nuisibles à l'agriculture. |

## AUTRES ANIMAUX :

| | |
|---|---|
| La **chauve-souris**, le **hérisson**, la **musaraigne** et la **taupe** (qui n'est nuisible que dans les jardins et dans les prés) | détruisent une grande quantité d'insectes et de larves nuisibles à l'agriculture. |
| Le **lézard vert**, le **lézard gris**, la **couleuvre**, la **grenouille** et le **crapaud** | détruisent les limaces, les limaçons ou escargots, et beaucoup d'insectes nuisibles à l'agriculture. |

## TABLEAU DES PRINCIPAUX ANIMAUX ET INSECTES
# NUISIBLES

### OISEAUX :

| | |
|---|---|
| Le **busard**, l'**épervier**, l'**émerillon**, le **milan** | mangent les petits oiseaux utiles. |
| La **pie** et le **geai** | mangent les œufs et les petits des autres oiseaux. |

### INSECTES :

| | |
|---|---|
| Le **hanneton** (l'un des insectes les plus nuisibles) | dévore les feuilles des arbres. |
| Sa larve, appelée **turc** ou **ver blanc** | mange, pendant les trois années qu'elle reste en terre, les racines des arbres et des plantes cultivées dans les jardins. |
| Les œufs des **papillons** produisent des **chenilles** | qui dévorent les feuilles des arbres fruitiers et des légumes. Elles sont très nuisibles; il faut détruire les papillons. |
| La **courtilière** ou **taupe-grillon** | coupe les racines des plantes et des légumes. |
| Les **charançons** ou **calandres** | causent de grands dégâts dans les tas de blé, dans les greniers. |
| Les **altises** | s'attaquent aux plantes potagères, telles que choux, navets, radis. |
| Les **bruches** | dévorent l'intérieur des petits pois, des fèves et des lentilles. |
| Les **pucerons** | sucent la sève des arbres fruitiers. |
| Etc. | |

### AUTRES ANIMAUX :

| | |
|---|---|
| Le **rat**, la **souris**, le **mulot** et le **campagnol** | dévorent les récoltes. |
| La **marte** ou **martre**, la **fouine** et le **putois** | font de grands ravages dans les basses-cours. |
| Le **loir** et le **lérot** | mangent les fruits dans les jardins et dans les vergers. |
| La **limace** et le **limaçon** ou **escargot** | dévorent les feuilles des légumes. |

## RÉSUMÉ

I. — 1. Les animaux forment quatre grandes catégories : les *vertébrés*, les *annelés*, les *mollusques* et les *rayonnés*. — 2. Les vertébrés ont une colonne *vertébrale;* les annelés ont le corps formé d'*anneaux;* les mollusques ont le corps *mou*, et les rayonnés ont les différentes parties du corps disposées en *rayons*. — 3. Les vertébrés sont divisés en cinq classes : les *mammifères*, les *oiseaux*, les *reptiles*, les *batraciens* et les *poissons*. — 4. Les mammifères ont des *mamelles*. — 5. Les carnivores, ou carnassiers, se nourrissent de *chair*. — 6. Les herbivores mangent de l'*herbe*. — 7. Les mammifères marins habitent la *mer*. — 8. Les oiseaux ont des plumes, deux pattes, deux ailes et un bec. — 9. Les principaux sont : les *oiseaux de proie*, les *oiseaux domestiques* et les *petits oiseaux utiles à l'agriculture*. — 10. Les reptiles sont des animaux qui *rampent*. — 11. Les principaux batraciens sont : la grenouille et le crapaud. — 12. Il y a des poissons d'*eau douce* et des poissons de *mer*. — 13. Les principaux annelés sont : les *insectes*. — 14. L'huître et la moule, la limace et le limaçon sont des mollusques; l'oursin, le polypier (corail) et l'éponge sont des rayonnés. — II. — 15. Parmi les animaux, les uns sont utiles à l'homme, les autres (ce sont les plus nombreux) sont nuisibles.

# TROISIÈME PARTIE

## LES MINÉRAUX

1. — C'est notre petit musée scolaire qui va nous fournir le sujet de notre leçon de choses d'aujourd'hui. Je vais vous montrer plusieurs minéraux qui ne se ressemblent pas ; en voici un que vous connaissez tous. — C'est de la craie. — Celui-ci est du marbre ; cet autre est un morceau de pierre dure, ou pierre à bâtir ; enfin, ce dernier est un caillou ou silex. Vous savez que la craie contient de la *chaux* : c'est du *carbonate de chaux*[1], ou pierre *calcaire*. Savez-vous à quoi l'on reconnaît un calcaire ? Vous l'allez apprendre. Je mets ces morceaux de craie dans un verre, puis je verse du vinaigre dessus ; que remarquez-vous, Jules ? — Je vois une espèce de bouillonnement, et des bulles de gaz qui se détachent de la craie, puis montent à la surface du liquide. — Ces bulles de gaz, c'est de l'acide carbonique. C'est par ce moyen qu'on reconnaît qu'un corps est calcaire. Essayons sur ce morceau de

Fig. 106.

1. *Carbonate de chaux*, corps composé d'acide carbonique et de chaux.

marbre ; pourriez-vous le casser en deux avec vos mains, comme vous brisez un bâton de craie ? Non, n'est-ce pas : il est trop dur. Croyez-vous que c'est un calcaire, comme la craie, c'est-à-dire qu'en versant du vinaigre dessus, il va se dégager de l'acide carbonique ? — Non, Monsieur, il est trop dur. — Ah ! voyons ; je le mets dans ce verre et je verse dessus du vinaigre très fort..... Tiens, mais c'est la même chose : il se forme aussi des bulles d'acide carbonique. Et ce fragment de pierre à bâtir, qui est également très dur, est-ce du calcaire ?..... Vous ne dites rien, vous craignez de vous tromper encore. Nous l'allons savoir, en faisant la même opération..... Vous voyez qu'il se produit encore un bouillonnement. Donc la craie, le marbre et la pierre à bâtir sont des pierres calcaires ; on dit aussi : des *roches calcaires*.

2. — Et ce caillou, est-ce un calcaire, Léon ? — Je crois que oui. — Voyons ; je verse du vinaigre dessus : que se produit-il ? — Rien. — En effet, il ne se dégage pas de bulles de gaz ; qu'en concluez-vous ? — Que le *silex* n'est pas un calcaire. — Non ; c'est une pierre ou *roche siliceuse*, de même que les *pierres meulières*, avec lesquelles on fait les meules de moulin.

3. — Je suis sûr que vous connaissez cette terre jaunâtre : elle est molle, je la pétris facilement avec mes doigts. Qu'est-ce que c'est, Henri ? — C'est de l'*argile*, ou *terre glaise*. — Qu'en fait-on ? — On en fabrique des tuiles, des briques, des tuyaux de drainage (*fig.* 107) et de la poterie. — Bien ; elle constitue les *roches argileuses*.

Fig. 107.

4. — Les différents terrains n'ont pas tous été formés à la même époque. Les plus anciens, c'est-

à-dire ceux qui ont paru les premiers, sont : le *granit*, très dur, employé pour les constructions, et le *cristal de roche*.

### Applications.

5. — Je vais vous indiquer une promenade très amusante à faire. Allez visiter une carrière de pierres, ou de marne ; vous ramasserez les différentes pierres que vous trouverez, et quelques cailloux le long de la route, puis, de retour chez vous, vous verserez du vinaigre dessus : vous distinguerez ainsi les calcaires des autres pierres. Vous pourrez former de la sorte un petit musée, que vous compléterez lorsque vous ferez des voyages dans les environs ; plus tard, vous y ajouterez les collections que vous composerez avec les fleurs, les graines et les plantes, que nous allons étudier.

RÉSUMÉ

**I. — 1. La craie, le marbre et la pierre à bâtir sont des *pierres* ou *roches calcaires;* quand on verse du vinaigre dessus, il se dégage des bulles d'acide carbonique. — 2. Le silex ou caillou et les pierres meulières sont des *roches siliceuses*. — 3. L'argile forme les *roches argileuses;* on en fabrique des tuiles, des briques et de la poterie. — 4. Le granit et le cristal de roche sont les terrains les plus anciens, c'est-à-dire ceux qui ont paru les premiers. — II. — 5. Il est facile aux enfants de former un petit musée avec les pierres de toutes sortes qu'ils pourront trouver, et d'y ajouter des collections de fleurs, de graines et de plantes.**

# QUATRIÈME PARTIE

# LES VÉGÉTAUX

## CHAPITRE PREMIER

### I. — LA RACINE. LA TIGE. LES FEUILLES. LA FLEUR. LE FRUIT

1. — Pensez-vous que les *végétaux* sont des êtres vivants, Ernest? — Oui, Monsieur. — Certainement; de même que les animaux, ils naissent, vivent et meurent.

2. — Voyez cette plante, que j'ai arrachée ce matin : c'est la *renoncule,* appelée aussi *bouton d'or,* à cause de la belle couleur jaune de sa fleur. Examinons les différentes parties dont elle est composée. Voici d'abord les *racines,* qui la fixaient dans la terre; puis la *tige,* garnie de *feuilles,* et enfin les *fleurs,* qui produisent les *fruits.*

3. **La racine.** — Qui pourrait dire à quoi sert la racine?..... Vous, Louis? — Elle sert à nourrir la plante. — Oui; c'est elle qui va chercher dans le sol la nourriture nécessaire au végétal.

4. **La tige.** — C'est le contraire de la racine : au lieu de s'enfoncer dans la terre, elle s'élève dans

l'air. Dans les arbres, elle est dure, et se nomme le *tronc* : c'est ce qui constitue le *bois*.

Fig. 108.
Bouton d'or (renoncule) : *r*, racines; *t*, tige; *f*, feuilles; *d*, corolle.

**5. Les feuilles.** — Je n'ai pas besoin de vous dire qu'elles sont de couleur verte. Elles servent surtout à respirer. En outre, pendant le jour elles décomposent l'acide carbonique, dont elles prennent seulement le carbone, en laissant l'oxygène dans l'atmosphère : ainsi, comme vous le voyez, les feuilles contribuent à rendre l'air plus pur.

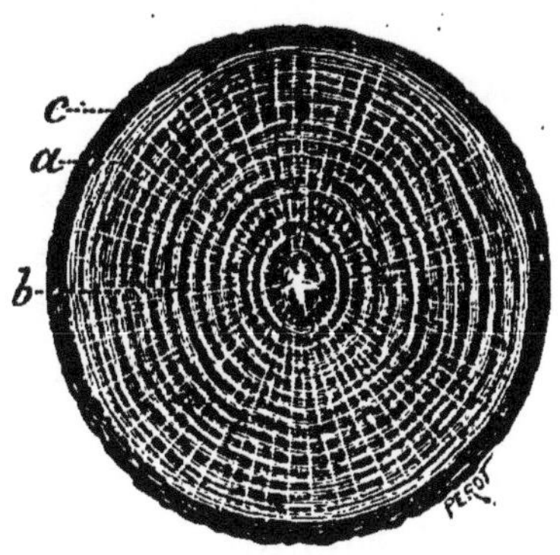

Fig. 109. — Section transversale d'un tronc de chêne.

6. **La fleur.** — Ce qui vous frappe dans une fleur, c'est la partie colorée, c'est-à-dire la *corolle* : dans le coquelicot, elle est rouge; elle est bleue dans le bleuet, et blanche dans la pâquerette. Les petites feuilles qui la composent se nomment *pétales*; dans la fleur ci-contre, la corolle a quatre pétales.

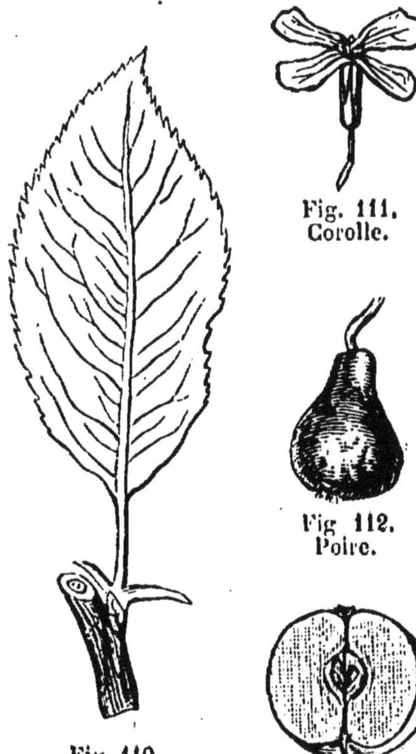
Fig. 110. Feuille de poirier.

Fig. 111. Corolle.

Fig. 112. Poire.

Fig. 113.

7. **Le fruit** (*fig.* 112). — Voilà quelque chose que vous aimez bien. C'est la fleur qui le produit : si les arbres n'avaient pas de fleurs, ils ne donneraient point de fruits.

8. **La graine.** — Vous avez dû remarquer, en mangeant une pomme, qu'il y a, à l'intérieur, des *graines*, ou *pépins* (*fig.* 113); si vous semiez l'un de ces pépins, il donnerait naissance à un

pommier. De même, en semant un haricot, on obtient d'autres haricots.

## II. — Applications à l'agriculture.

9. **La racine.** — Les racines respirent ; elles périraient dans une terre où l'air ne pourrait pas pénétrer : c'est pourquoi les labours profonds sont utiles, parce qu'ils font entrer l'air en grande quantité dans le sol.

10. **La tige.** — Elle ressemble beaucoup à la racine, et peut même devenir une racine, dans la *bouture*, par exemple. Vous connaissez bien les belles groseilles de mon jardin, car vous les avez appréciées plusieurs fois, lorsque je vous en ai distribué. Plus d'un, parmi vous, désirerait en avoir de semblables. Ce n'est pas difficile ; vous n'auriez qu'à couper une tige et à la planter : la partie mise en terre pousserait des racines, et l'autre vous donnerait des groseilles. C'est ce qu'on appelle une *bouture*.

11. **Les feuilles.** — Elles sont indispensables aux végétaux : c'est pour cela qu'en général il ne faut pas les enlever.

12. **La fleur.** — Il arrive quelquefois que les fleurs gèlent : alors il n'y a pas de fruits. On peut éviter cet inconvénient en couvrant les arbres avec des toiles ou une étoffe quelconque, ce qui est facile quand ils sont placés le long des murs.

13. **Le fruit.** — Il est avantageux d'avoir de beaux fruits : on y parvient très facilement par la *greffe*. (Pour les *marcottes*, les *boutures* et les *greffes*, consulter mon petit livre d'agriculture, pages 107 et 108, 130 à 133.)

14. **La graine.** — Avez-vous remarqué qu'il y a des céréales et des légumes qui sont plus beaux les

uns que les autres? Vous ne savez pas quelle en est la cause : cela provient surtout des graines. Ainsi, pour le blé, si l'on sème des grains provenant de petits épis, on aura de petits épis; tandis que, si l'on en sème provenant de beaux épis, ils fourniront de beaux épis : d'où la grande importance qu'on doit attacher au choix des graines.

*Nota.* — Les *applications à l'hygiène* sont reportées un peu plus loin, au chapitre des *plantes utiles.*

## RÉSUMÉ

**I. — 1. Les végétaux sont des êtres vivants : ils naissent, vivent et meurent. — 2. Une plante est composée de différentes parties : la *racine*, la *tige*, les *feuilles*, les *fleurs* et les *fruits*. — 3. La racine va chercher dans la terre la nourriture nécessaire au végétal. — 4. La tige se développe dans l'air. — 5. Les feuilles servent à respirer. — 6. La fleur a une partie colorée nommée *corolle*. — 7. Le fruit provient de la fleur. — 8. C'est la graine qui reproduit la plante. — II. — 9. Les racines respirent; elles périraient dans un sol où il n'y aurait pas d'air. — 10. La tige ressemble à la racine; dans une *bouture*, la partie de la tige mise en terre pousse des racines. — 11. Les feuilles sont indispensables aux végétaux. — 12. On peut préserver les fleurs de la gelée en les couvrant. — 13. C'est par la *greffe* qu'on obtient les meilleurs fruits. — 14. Les plus belles graines donnent les plus belles plantes.**

# CHAPITRE II

## I. — LES PRINCIPALES FAMILLES DE PLANTES

1. — Parmi les plantes, il y en a qu'on appelle *alimentaires,* parce qu'elles servent à notre nourriture, comme la plupart des céréales; d'autres, *fourragères,* qu'on donne comme fourrage aux bestiaux; tels sont : le trèfle, la luzerne, le sainfoin, etc.; et enfin d'autres, *industrielles,* parce qu'elles sont employées dans l'industrie, comme le lin, le chanvre, le houblon, etc.

Fig. 114. — Le lin. Fig. 115. — Le chanvre. Fig. 116. — Le houblon.

2. — Vous avez vu les fleurs des *haricots,* des *fèves,* des *petits pois;* avez-vous remarqué qu'elles ont toutes la même forme? A quoi ressemblent-elles, Henri? — A un papillon. — C'est vrai. Vous savez que les enfants d'une même famille se ressemblent beaucoup; on dit aussi des plantes dont les fleurs,

ou les fruits, sont à peu près semblables, qu'elles sont de la même *famille*.

Fig. 117. — Haricots. Fig. 118. — Fèves. Fig. 119. — Pois.

**3. Légumineuses.** — Celles que je viens de vous citer forment la famille des *papillonacées;* on leur donne aussi le nom de *légumineuses,* parce qu'elles ont pour fruit une *gousse* qu'on appelle encore *légume*. Outre les plantes alimentaires que je vous ai indiquées, cette famille comprend des plantes fourragères, telles que la *luzerne,* le *trèfle* et le *sainfoin*.

Fig. 120. — Fleur du pois.

**4. Crucifères**[1]. — La fleur a une corolle dont les quatre pétales sont disposés en forme de croix. Dans cette famille, il y a des végétaux utiles : le

1. *Crucifère* veut dire : qui ressemble à une croix.

*chou*, le *navet*, le *radis*, le *cresson*, le *colza*, etc.,

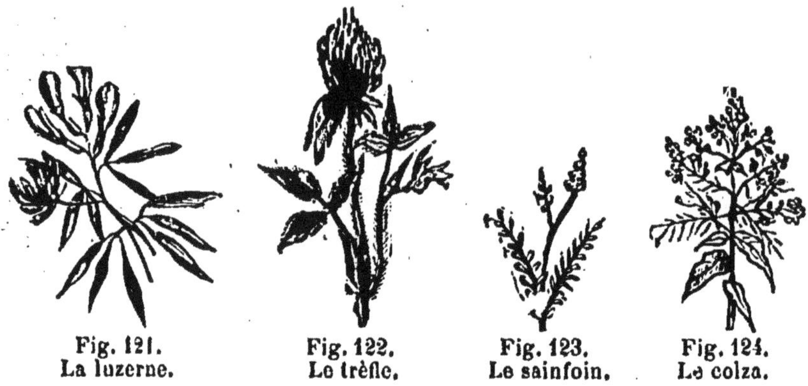

Fig. 121. La luzerne. Fig. 122. Le trèfle. Fig. 123. Le sainfoin. Fig. 124. Le colza.

ainsi que des fleurs, comme la *giroflée* et la *julienne*.

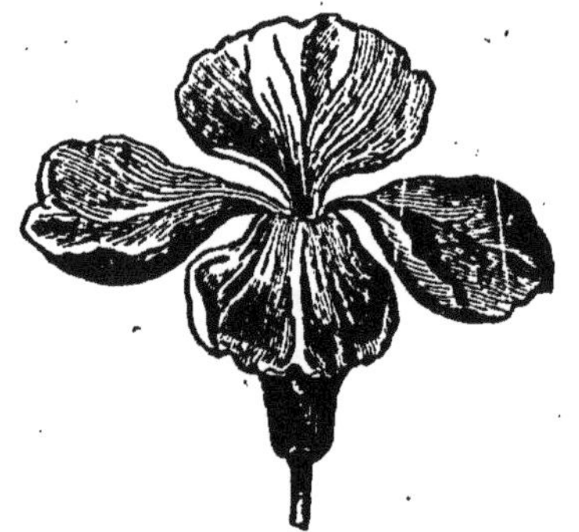

Fig. 125. — La giroflée.

Fig. 126. — La julienne.

**5. Ombellifères.** — Les principales plantes de cette famille sont : la *carotte*, le *céleri*, le *cerfeuil*,

Fig. 127. — Le cerfeuil.

Fig. 128. — Le persil.

Fig. 129. — La ciguë.

le *persil*, qui sont utiles, et la *ciguë*, semblable au

persil, mais qui est un poison très dangereux. Vous n'avez peut-être jamais remarqué comment sont disposées les fleurs du persil; regardez-les, vous verrez qu'elles ressemblent à une petite *ombrelle*. (Autrefois, on disait une *ombelle :* c'est de là que vient le nom de cette famille de plantes.)

6. **Rosacées.** — Vous connaissez la *rose,* la *reine des fleurs :* c'est elle qui a donné son nom

Fig. 130. — La rose. Fig. 131. — Le cognassier. Fig. 132. — L'amandier.

à cette famille, dans laquelle il y a de nombreux végétaux, presque tous utiles. Tels sont nos arbres fruitiers : *pommier, poirier, cognassier* (fruits à

Fig. 133. Le prunellier. Fig. 134. L'aubépine. Fig. 135. Fleur de fraisier.

pépins); *cerisier, prunier, pêcher, abricotier* (fruits

à noyau); l'*amandier*, le *prunellier* ou *épine noire*, l'*aubépine* ou *épine blanche*, le *fraisier*, le *rosier*, etc. La corolle a cinq pétales.

**7. Solanées**[1]. — On trouve dans cette famille des végétaux utiles, comme la *douce-amère*, la *pomme de terre* et la *tomate*; mais on y rencontre aussi des

Fig. 136. Douce-amère.

Fig. 137. Pomme de terre.

Fig. 138. Tomate.

plantes vénéneuses[2], telles que la *pomme épineuse*, la *belladone*, la *jusquiame* et le *tabac*.

Fig. 139. Pomme épineuse. Fig. 140. Belladone. Fig. 141. Jusquiame. Fig. 142. Tabac.

**8. Graminées**[3]. — C'est une famille très importante, car elle comprend presque toutes les céréales :

1. *Solanée* vient d'un mot latin désignant la *douce-amère*, qui a donné son nom à cette famille de plantes.
2. *Vénéneux*, qui agit comme poison, c'est-à-dire empoisonne.
3. *Graminée* vient d'un mot latin qui signifie *gazon*. Le gazon est une herbe appartenant à la famille des graminées.

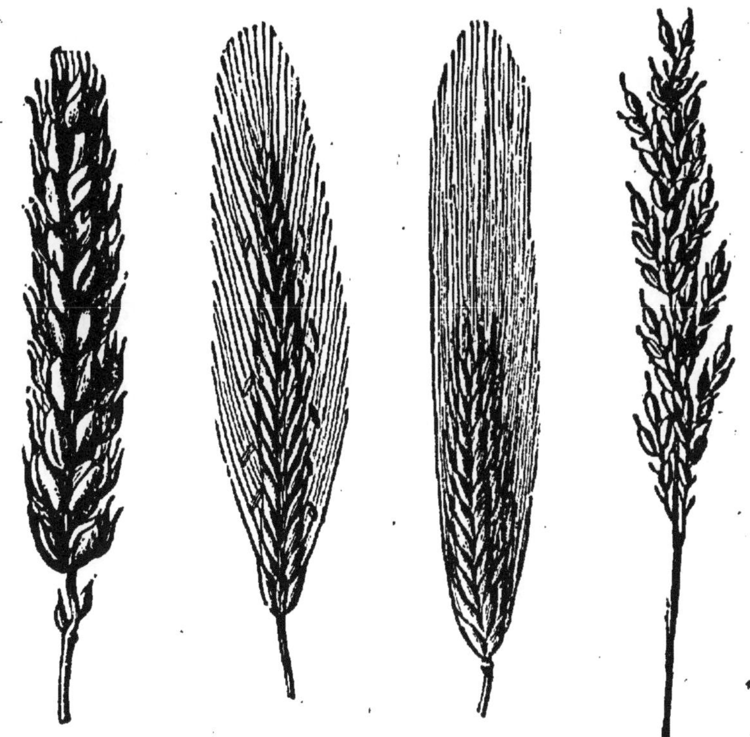

Fig. 143. — Blé. Fig. 144. — Seigle. Fig. 145. — Orge. Fig. 146. — Riz.

Fig. 147. — Avoine. Fig. 148. — Maïs.

*blé, seigle, orge, riz, avoine, maïs,* et la plupart des herbes qui croissent dans les prairies naturelles.

## II. — Applications à l'hygiène.

### PLANTES UTILES. PLANTES NUISIBLES

9. — Les plantes *alimentaires, fourragères, industrielles,* dont nous avons déjà parlé, sont d'une grande utilité, ainsi que les plantes *médicinales,* qu'on emploie en *médecine.*

10. — Vous connaissez les plantes médicinales les

Fig. 149. — Violette.

Fig. 150. — Bourrache.

Fig. 151. — Mauve.

plus importantes; vous savez que, lorsque vous êtes enrhumés ou que vous avez mal à la gorge, votre maman vous fait de la tisane avec des fleurs de *violette,* de *guimauve,* de *bourrache,* ou avec des racines de *mauve,* de *guimauve,* etc. Si vous avez mal à l'estomac, elle vous prépare une infusion de *menthe* ou de *mélisse.*

Fig. 152. Menthe.

Fig. 153. Mélisse.

11. — Certaines plantes sont *nuisibles* aux cultures. Tels sont : le *chardon,* le *chiendent,* le *bleuet;* d'autres sont *dangereuses,* parce qu'elles sont *véné-*

*neuses*, c'est-à-dire peuvent nous empoisonner, comme la *ciguë*, l'*aconit*, la *belladone*, qui a des petits

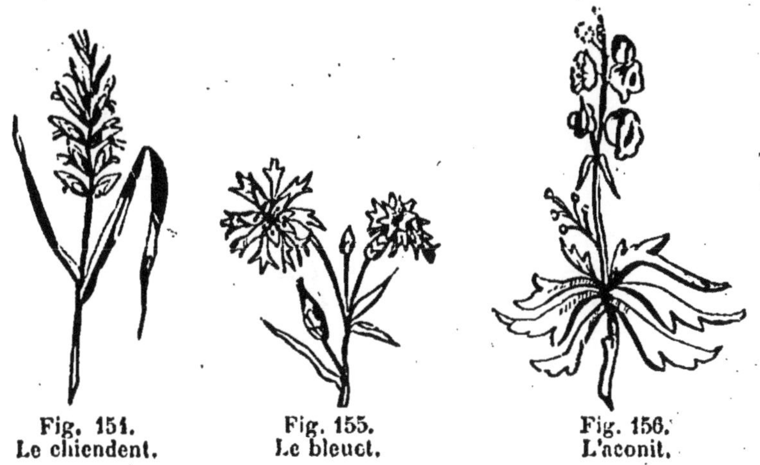

Fig. 154. Le chiendent.

Fig. 155. Le bleuet.

Fig. 156. L'aconit.

fruits rouges que vous seriez tentés de prendre pour des cerises : gardez-vous bien d'y toucher, il y a des enfants qui sont morts empoisonnés pour en avoir mangé.


RÉSUMÉ

**I. — 1. Selon les usages auxquels on les emploie, on dit que les plantes sont *alimentaires*, *fourragères*, ou *industrielles*. — 2. Les principales familles de plantes sont : les *légumineuses*, les *crucifères*, les *ombellifères*, les *rosacées*, les *solanées* et les *graminées*. — 3. Les légumineuses ont pour fruit une *gousse* ou *légume*. — 4. La fleur des crucifères a une corolle en forme de croix. — 5. Les fleurs des ombellifères ressemblent à une *ombrelle* (qui se disait autrefois *ombelle*). — 6. C'est la *rose* qui a donné son nom à la famille des rosacées. — 7. Quelques solanées sont utiles, d'autres sont dangereuses. — 8. Presque toutes les céréales appartiennent à la famille des graminées. — II. — 9. Les plantes *alimentaires*, *fourragères*, *industrielles*, sont très utiles, ainsi que les plantes *médicinales*. — 10. Les plantes médicinales les plus employées sont : la violette, la guimauve, la bourrache, la menthe et la mélisse. — 11. Le chardon, le chiendent et le bleuet sont nuisibles; la ciguë, l'aconit et la belladone sont des plantes très dangereuses.**

# NOTIONS COMPLÉMENTAIRES

## (POUR LA 1re ANNÉE DU COURS MOYEN)

# CINQUIÈME PARTIE

# PHYSIQUE

## CHAPITRE PREMIER

### I. — PESANTEUR. LEVIER

**1. La pesanteur.** — Je jette cette bille en l'air; elle retombe sur le sol. Pourquoi ne s'élève-t-elle que jusqu'à une certaine hauteur, et redescend-elle ensuite comme si elle était *attirée* par la terre? C'est parce que celle-ci *attire* les corps en vertu d'une force appelée l'*attraction* ou la *pesanteur*.

Fig. 157. Fil à plomb.

**2.** — Tous les corps, en tombant, suivent la même direction, qu'on nomme la *verticale;* c'est celle qui est indiquée par le petit instrument que voici : le *fil à plomb*, composé d'un fil à l'extrémité duquel j'ai attaché un morceau de plomb.

**3.** — Avez-vous remarqué, Eugène, si les maçons se servent du fil à plomb pour construire une maison? — Oui, Monsieur; ils le placent souvent le long des murs. — C'est que, pour être solides, les murs doivent être verticaux. De plus, il faut donner aux planchers une direction *horizontale*; on emploie, pour cela, un instrument appelé *niveau de maçon* : ce n'est autre chose qu'un fil à plomb fixé au sommet de deux morceaux de bois de même longueur, réunis par une traverse marquée d'un trait dans son milieu. Lorsque le fil est juste sur ce trait, on est sûr que les deux pieds du niveau sont appuyés sur une surface horizontale.

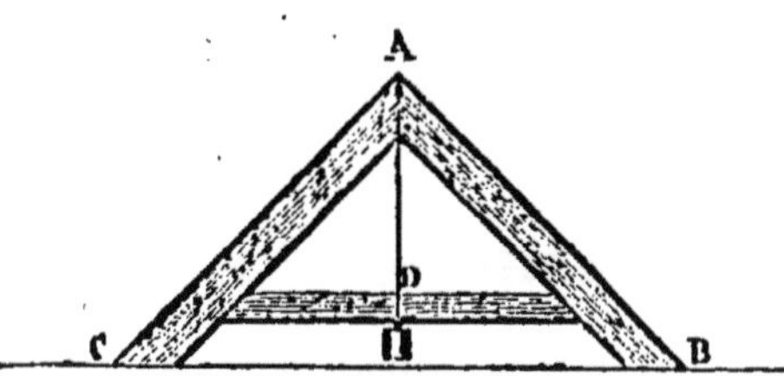

Fig. 158. — Niveau de maçon.

4. **Le levier.** — Vous voyez cette pierre qui est sur mon bureau; elle est assez lourde. Je voudrais la soulever sans y toucher avec la main : est-ce possible, Ernest? — Je ne le crois pas. — C'est cependant ce que je vais faire. J'ai placé dessous l'extrémité d'une baguette sous laquelle je glisse un caillou; j'appuie un peu sur l'autre extrémité et la pierre se soulève. Cette baguette forme ce qu'on nomme un *levier*.

Fig. 159. — Le levier.

5. **La balance.** — Voici une règle que j'ai dû enlever à Jules parce que, après y avoir percé un trou au milieu, il s'amusait à la faire tourner en classe autour de la pointe de son crayon. Mais elle va nous servir à quelque chose de plus utile. Je pose sur l'une de ses extrémités cette pièce de 1 franc; cela la fait basculer, elle penche beaucoup plus à droite qu'à gauche, et, si je ne la soutenais pas, tout tomberait. Quel poids faut-il que je mette sur l'autre extrémité pour rétablir l'équilibre, Jean? — Le poids de 5 grammes.

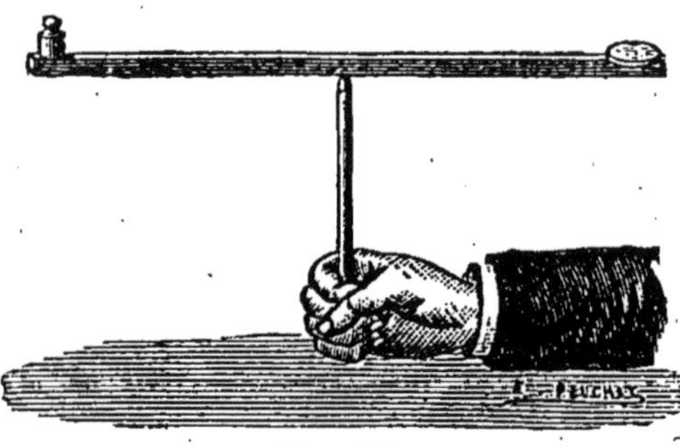
Fig 160.

— Pourquoi? — Parce que le franc pèse 5 grammes. — Bien ; vous voyez, en effet, que la règle ne penche plus ni d'un côté ni de l'autre : c'est encore un *levier*, et en même temps une *balance*.

## II. — Applications.

6. **La pesanteur.** — On fait application de la pesanteur pour construire les maisons, de manière que les murs soient verticaux et les planchers horizontaux.

7. **Le levier.** — Il est très utile, surtout pour soulever de lourds fardeaux.

Fig. 161. — La balance.

8. **La balance.** — La balance est une application du levier. A quoi sert-elle, Jérôme? — Elle sert à *peser*. — Oui ; pour savoir combien les corps sont *pesants*, c'est-à-dire pour connaître leur *poids*, on emploie la balance.

### RÉSUMÉ

**I. — 1. Tous les corps sont attirés vers la terre par la *pesanteur*. — 2. Ils suivent, en tombant, la direction *verticale*. — 3. Le fil à plomb donne la direction *verticale;* le niveau de maçon, la direction *horizontale*. — 4. Le *levier* sert principalement à soulever les corps. — 5. La *balance* est une espèce de levier divisé en deux parties égales. — II. — 6. On fait application de la pesanteur dans la construction des maisons. — 7. Le levier est très utile pour soulever de lourds fardeaux. — 8. La balance fait connaître le poids des corps.**

---

# CHAPITRE II

## MACHINE A VAPEUR

1. — Plusieurs d'entre vous ont vu cette grosse *machine à vapeur*, appelée *locomotive*, qui entraîne avec rapidité les voi-

tures sur les chemins de fer. Ils ont dû se demander quelle est la force invisible qui fait tourner les roues de la locomotive et en même temps celles des wagons. Je vais bien vous surprendre en vous disant que vous la connaissez, que vous l'avez vue, que vous pouvez même la produire très facilement : en un mot, c'est la *vapeur d'eau.* Vous ne sauriez vous imaginer combien sa puissance est grande.

Fig. 162. — La locomotive.

2. — Je ne vous ferai pas la description de la locomotive représentée sur votre livre : vous ne la comprendriez pas. Sachez seulement que, de chaque côté de la machine, il y a, en avant, un corps de pompe D, dans lequel arrive la vapeur : celle-ci pousse avec force le piston en avant, puis en arrière, c'est-à-dire lui fait exécuter un mouvement de va-et-vient qui fait tourner les roues.

RÉSUMÉ

**1. C'est la vapeur d'eau qui fait marcher les *machines à vapeur*, comme les *locomotives*. — 2. La vapeur arrive dans le corps de pompe et pousse le piston, qui fait tourner les roues.**

# CHAPITRE III

## I. — L'ÉLECTRICITÉ

1. — Je déchire une feuille de cahier en morceaux tout petits; je place au-dessus cette bande de papier : que voyez-vous, Joseph? — Rien. — Maintenant, je chauffe la bande à la flamme de cette bougie et je la frotte vivement sur mon pantalon : si je la mettais encore au-dessus des petits morceaux de papier, qu'arriverait-il? — Rien. — Ah! nous allons voir : essayons... Que s'est-il passé? — Tous les morceaux se sont élancés sur la bande et s'y sont collés. — Comment cela peut-il se faire? Il y a donc à présent dans la bande de papier une force qui les a attirés? Oui, mes enfants, et une force considérable, dont les effets sont merveilleux : c'est l'*électricité*. Elle produit aussi les *éclairs* que vous voyez pendant un orage.

2. — Vous rappelez-vous, Emile, avoir vu de petites étincelles produites par l'électricité? — Oui, Monsieur; j'en ai vu en caressant mon chat, un soir que j'étais seul, sans lumière, dans la cuisine. — C'est cela; vous m'avez même dit, en me demandant ce qui produisait ces étincelles, que vous aviez entendu de petits bruits comme une espèce de pétillement. Eh bien! ces étincelles sont semblables aux éclairs, et le pétillement est analogue au bruit du *tonnerre*.

## II. — Applications.

### PARATONNERRE. TÉLÉGRAPHE

3. **Le paratonnerre.** — Quelques-uns d'entre vous ont peut-être remarqué, sur certains édifices, une grande tige de fer, placée verticalement, et se sont demandé à quoi elle peut bien servir; je vais vous le dire. Vous vous souvenez de la mort de ce berger tué par la foudre, qui était

tombée sur le peuplier sous lequel il avait cherché un abri ; vous devez vous rappeler ce que je vous ai recommandé, à l'occasion de ce malheur : répétez-le, Edmond. — Vous nous avez dit qu'il ne faut jamais se mettre sous un arbre pendant l'orage. — La foudre, c'est-à-dire l'électricité, ne frappe pas que les arbres ; elle peut aussi, quand il fait de

Fig. 163. — Le paratonnerre.

l'orage, tomber sur les maisons élevées, les incendier et même tuer ou blesser les personnes qui s'y trouvent : c'est pour éviter cela qu'on pose dessus une tige de fer, c'est-à-dire un *paratonnerre*, comme celui que vous voyez dans la gravure.

4. — Le paratonnerre a été inventé, vers le milieu du dix-huitième siècle, par un savant américain, le célèbre Franklin : il se compose d'une forte tige de fer verticale, qui se continue par une autre tige également en fer plongeant dans un puits ou dans une nappe d'eau quelconque. Vous vous demandez comment il peut empêcher la foudre de

tomber. Je vais vous l'expliquer. Lorsqu'un nuage orageux passe au-dessus du paratonnerre, son électricité descend tout doucement le long de la tige de fer et se rend dans le sol au lieu d'incendier la maison, comme cela arriverait si elle tombait dessus tout d'un coup.

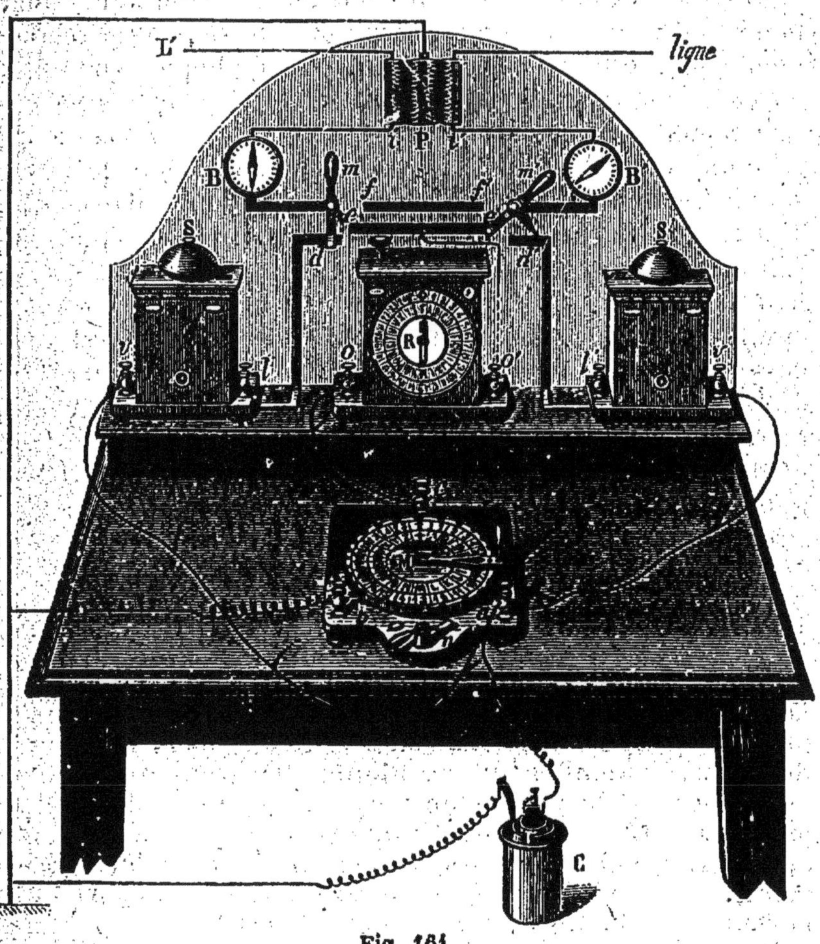


Fig. 161.

**5. Le télégraphe électrique.** — Vous rappelez-vous, Auguste, ce que l'on a fait quand votre mère fut atteinte subitement d'une grave maladie, pendant que votre père était en voyage? — Oh! oui, Monsieur; mon frère a envoyé à papa une dépêche[1] dans laquelle il ne lui disait qu'un seul mot : *Venez*. Et papa est revenu le soir même. — Vous avez dû vous demander comment il se peut que votre père ait été prévenu si vite. C'est grâce à l'une des plus belles inventions du dix-neuvième siècle : le *télégraphe électrique*.

6. — Je n'essayerai pas de vous décrire cette admirable invention, vous ne la comprendriez pas. Je vous dirai seulement que l'électricité parcourt les fils télégraphiques (que vous voyez le long du chemin de fer et de certaines routes), avec une rapidité extraordinaire, dont vous ne pouvez pas vous faire une idée. Ainsi, je suppose qu'une personne de Lille veuille également dire à une autre qui habite Marseille : *Venez*. Il y a, dans chacun des bureaux télégraphiques de Lille et de Marseille, des appareils semblables à ceux de la figure 164. Celui que vous voyez sur la table, en avant, envoie la dépêche, au moyen de la tige M ; celui qui est au-dessus, et qui ressemble à une pendule, la reçoit, au moyen de l'aiguille R. Eh bien ! l'aiguille R de Marseille tourne en même temps que la tige M de Lille ; si bien que, lorsque l'employé met la tige sur la lettre V, au même moment l'aiguille vient se placer sur la lettre V : et de même pour les autres lettres E, N, E, Z, du mot VENEZ.

**RÉSUMÉ**

**I. — 1. En chauffant une bande de papier et en la frottant sur son pantalon, on l'électrise, c'est-à-dire on produit de l'*électricité*. — 2. En caressant un chat on obtient de petites étincelles qui pétillent ; elles sont semblables aux *éclairs*, et le pétillement est analogue au bruit du *tonnerre*. — II. — 3. Pendant un orage, il ne faut jamais se mettre à l'abri sous un arbre : on pourrait être foudroyé. — 4. Le *paratonnerre* préserve les maisons de la foudre. — 5. Le *télégraphe électrique* est l'une des plus belles inventions du dix-neuvième siècle. — 6. Au moyen du télégraphe, une personne peut dire rapidement à une autre, très éloignée, de venir immédiatement.**

---

1. *Dépêche*, communication transmise par le télégraphe : on la nomme aussi *télégramme*.

# SIXIÈME PARTIE

# CHIMIE

## CORPS SIMPLES. CORPS COMPOSÉS MÉTAUX USUELS

1. — Vous savez ce que c'est qu'un *corps simple* : c'est celui qui ne renferme qu'une seule chose, comme l'oxygène, l'azote, le carbone, le soufre, que vous connaissez.

2. — Vous savez également que d'autres, comme l'eau, la craie, contiennent plusieurs substances : c'est pourquoi on les nomme *corps composés*, parce qu'ils sont *composés* de plusieurs choses. Vous rappelez-vous de quoi est formée la craie, ou carbonate de chaux, François? — Elle est formée de chaux et d'acide carbonique. — Oui; et l'acide carbonique est lui-même un corps composé : que contient-il? — Du carbone et de l'oxygène.

3. — Il y a des corps simples que l'on désigne sous le nom de *métaux*; citez les principaux, Henri. — L'or, l'argent, le fer, le cuivre, l'étain, le plomb. — Lequel trouvez-vous le plus important? — C'est l'or. — Je m'en doutais; c'est le plus cher, mais ce n'est pas le plus utile. Et vous, Charles? — C'est le fer. — A la bonne heure.

4. **Le fer.** — L'or, nous pourrions nous en passer, mais le fer nous est indispensable. Songez donc à tous les instruments, à toutes les machines agricoles et autres, à tous les outils, que l'on fabrique avec le fer, depuis votre modeste couteau jusqu'à ces puissantes machines dont on se sert dans l'industrie, et vous reconnaîtrez combien le fer est utile.

5. — Vous croyez peut-être qu'il existe tout prêt à être employé, comme la pierre; mais non : il se trouve dans la

terre à l'état de *minerai*[1], c'est-à-dire qu'il est mélangé avec d'autres substances, dont on le débarrasse en faisant fondre le minerai dans des espèces de tours nommées *hauts fourneaux*.

6. **Le cuivre.** — Savez-vous, Octave, ce que l'on fait avec le cuivre, qui est rouge? — On fabrique des casseroles. — Et différents ustensiles de cuisine.

7. **L'étain.** — Vous avez quelquefois entendu dire à votre maman qu'elle allait faire *étamer* ses casseroles ou ses fourchettes; vous avez dû remarquer que, lorsque l'*étameur* les lui rapporte, elles sont brillantes comme si elles étaient neuves. Qu'a-t-il donc mis dessus? Tout simplement une couche d'*étain*.

8. **Le plomb.** — Voici un métal que vous connaissez; il est mou, aussi on le courbe comme on veut. On en fait surtout des tuyaux, comme ceux qui conduisent l'eau dans les maisons.

9. **L'or et l'argent.** — On les appelle des métaux précieux, parce qu'ils coûtent cher; quelle est leur couleur, Pierre? — L'or est jaune, et l'argent est blanc. — Qu'en fait-on? — Des montres et des pièces de monnaie. — On en fabrique aussi des bijoux et autres objets d'orfèvrerie.

RÉSUMÉ

**1. Un *corps simple* ne renferme qu'une seule chose. — 2. Un *corps composé* contient plusieurs substances. — 3. Les principaux *métaux* sont : l'or, l'argent, le fer, le cuivre, l'étain, le plomb. — 4. C'est le fer qui est le plus utile. — 5. On le trouve dans la terre à l'état de minerai. — 6. Avec le cuivre on fabrique des ustensiles de cuisine. — 7. L'étain sert à étamer les casseroles et les fourchettes. — 8. Le plomb est le plus mou des métaux. — 9. L'or et l'argent sont des métaux précieux, qui coûtent cher.**

---

1. *Minerai*, ainsi nommé parce qu'on le retire des *mines*. La plupart des autres métaux existent également dans la terre à l'état de *minerais*.

# TABLE DES MATIÈRES

## SCIENCES PHYSIQUES

## PREMIÈRE PARTIE

## HISTOIRE NATURELLE

## DEUXIÈME PARTIE

### L'homme. Les animaux.

## TROISIÈME PARTIE

### Les minéraux.



## QUATRIÈME PARTIE

### Les végétaux.

# NOTIONS COMPLÉMENTAIRES

## CINQUIÈME PARTIE

### Physique.



## SIXIÈME PARTIE

### Chimie.



SAINT-CLOUD. — IMPRIMERIE BELIN FRÈRES.

www.ingramcontent.com/pod-product-compliance
Ingram Content Group UK Ltd.
Pitfield, Milton Keynes, MK11 3LW, UK
UKHW021233230726
13926UKWH00003B/1419